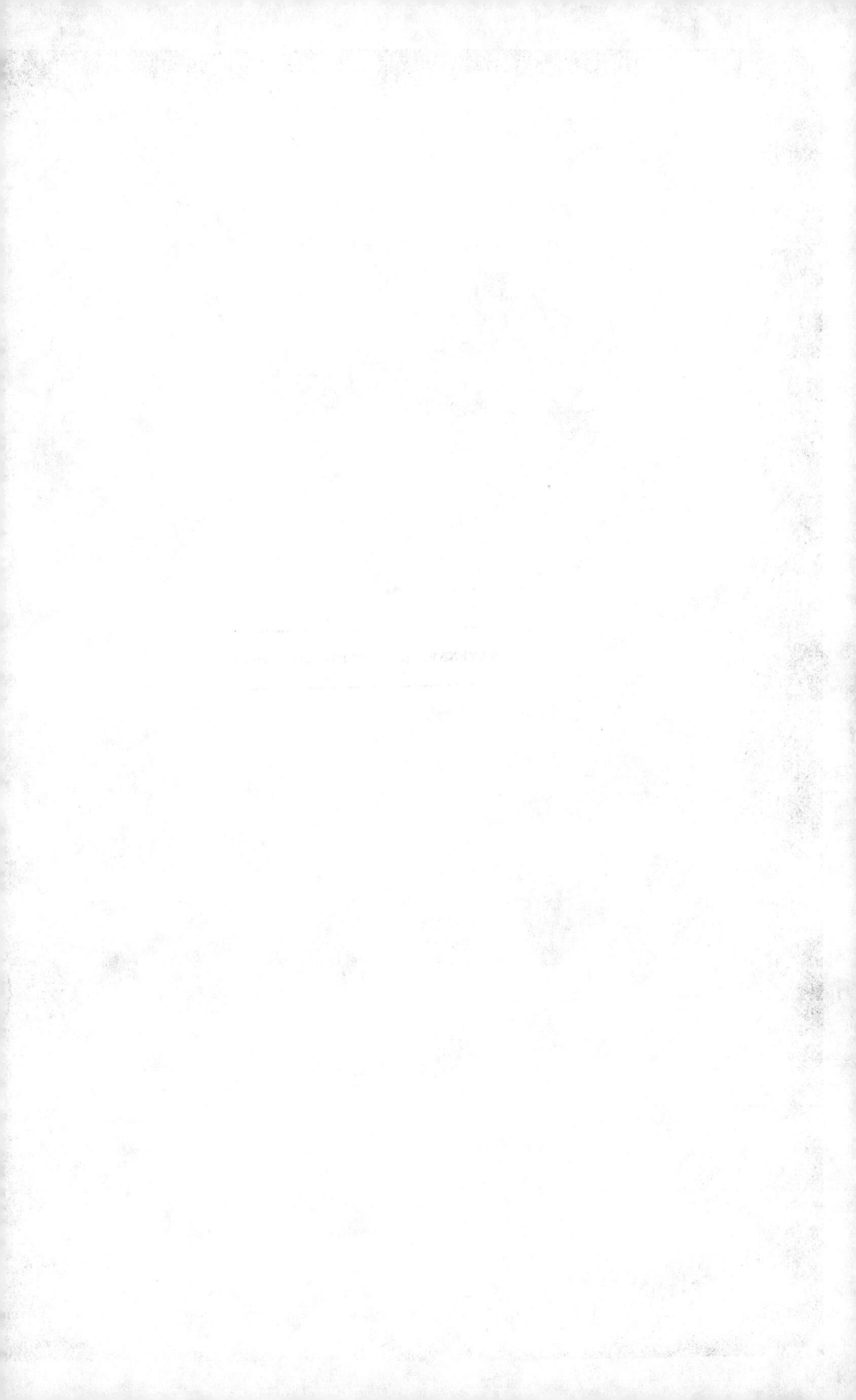

MAYENNE, IMPRIMERIE CH. COLIN

**PETITE BIBLIOTHÈQUE D'ÉLECTRICITÉ PRATIQUE**
Par H. DE GRAFFIGNY

# LES

# MOTEURS ÉLECTRIQUES

MOTEURS A COURANT CONTINU ET A COURANT ALTERNATIF
SYNCHRONES, ASYNCHRONES, A CHAMP TOURNANT
LES TRANSFORMATEURS
UTILISATION DES PUISSANCES NATURELLES GRATUITES
LES GRANDES USINES
COMMANDE ÉLECTRIQUE DES MACHINES. — TRANSPORT DE L'ÉNERGIE

*52 figures explicatives*

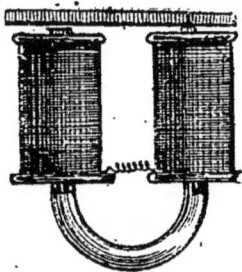

**PARIS**

**LIBRAIRIE DES PUBLICATIONS POPULAIRES**

16, RUE DES FOSSÉS-SAINT-JACQUES, 16

# LES MOTEURS ÉLECTRIQUES

## CHAPITRE PREMIER

### COMMENT ON TRANSFORME L'ÉLECTRICITÉ EN PUISSANCE MOTRICE
### HISTORIQUE DU MOTEUR ÉLECTRIQUE

L'électricité, ainsi que nous nous sommes efforcé de l'expliquer dans le premier tome de cette collection, est une forme de l'Énergie perpétuellement en action dans la nature, aussi l'idée devait-elle venir à plusieurs d'utiliser cette puissance pour l'appliquer aux divers besoins de l'industrie humaine. C'est aujourd'hui chose faite, et le moteur électrique est devenu en peu d'années d'un usage aussi commun que les moteurs thermiques, seuls générateurs de mouvement connus jusqu'alors. Le présent volume montrera par quels moyens ce résultat a pu être atteint, et comment on est parvenu à capter, distribuer et employer cette source de puissance illimitée qu'est l'Électricité.

Nos descendants pourront peut-être penser de nous,

que ce n'est qu'au prix de bien grandes complications,
à l'aide d'un matériel mécanique fort pesant et d'artifices de toute espèce que nous sommes parvenus à ce
résultat, car ils disposeront sans doute de moyens plus
simples et plus économiques, et ils soutireront peut-être
l'énergie directement des réservoirs inépuisables de l'atmosphère et de l'écorce même de la planète, mais ils
devront reconnaître que les savants du xixe siècle ont
réalisé le plus difficile, car ils ont défriché le terrain où
ils n'auront plus qu'à récolter une abondante moisson.
Le chemin est désormais tracé : il suffit de poursuivre le
sillon déjà creusé et de perfectionner, de simplifier les
méthodes indiquées par les électriciens contemporains.

Nous rappellerons, au cours de ce chapitre, par quelles
étapes la question a passé avant d'atteindre le point
où nous en sommes au commencement du vingtième
siècle et quelle voie a été suivie par les chercheurs pour
parvenir à expédier au loin la force électrique et la distribuer aux innombrables machines en usage dans l'industrie. Le problème qui consistait, disposant d'une
quantité quelconque d'électricité, à l'envoyer au point
où elle pouvait être utile, et ce, avec le moins de perte
possible, est désormais résolu, et nous allons voir comment on a procédé pour obtenir ce résultat.

Les applications mécaniques de l'énergie électrique
sont nombreuses. Dans les unes, la puissance motrice
est le facteur principal et elle commande le mouvement
d'une foule de machines à grand travail. Dans d'autres,
cette puissance n'a qu'une importance secondaire, comme
dans les sonneries, les horloges, les appareils enregistreurs, les signaux de chemins de fer, etc. Enfin, dans
d'autres encore, la puissance utilisée est insignifiante,

comme dans les télégraphes et les téléphones. Nous nous bornerons, dans cet ouvrage, à l'étude des applications rentrant dans la première de ces catégories.

Le moteur électrique dérive directement des recherches d'Ampère, de Faraday et d'Arago sur l'électromagnétisme, et, pendant de longues années, on ne connut, comme seul organe de mouvement, que l'*électro-aimant*, ou barreau de fer doux acquérant des propriétés magnétiques dès qu'on fait circuler un courant électrique dans un fil enroulé autour de lui, propriétés qui se dissipent aussitôt que l'on interrompt la circulation de l'électricité dans ce fil. C'est d'ailleurs, encore maintenant ce même appareil qui constitue l'organe essentiel d'une foule de mécanismes à commande

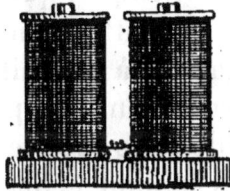

Fig. 1. — Électro-aimant droit à culasse

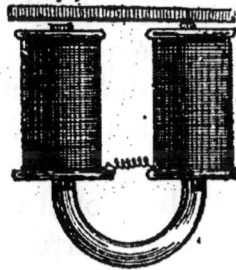

Fig. 2. — Électro-aimant en fer à cheval avec son armature

électrique : sonneries, télégraphes, avertisseurs, enregistreurs, etc.

On conçoit aisément comment l'électricité peut être transformée en mouvement mécanique à l'aide de l'électro-aimant. Celui-ci est formé d'une barre de fer, soigneusement recuit et très doux, recourbée en forme d'U, ou de deux barreaux cylindriques rivés sur une *culasse* plate. Ces barreaux servent d'axes à des bobines de bois paraffiné ou de laiton, autour desquelles est enroulé, sur plusieurs épaisseurs successives, un fil de cuivre de diamètre variable, recouvert d'un guipage de soie ou de coton. Les fils de sortie de chaque bobine sont reliés ensemble par une torsade et une soudure, de telle manière que l'un des fils est roulé *de droite à gauche* autour du barreau, et l'autre *de gauche à droite*. C'est ce que l'on appelle bobines *dextrorsum* et *sinistrorsum*. On réunit les deux fils d'entrée aux pôles d'une source de courant, pile ou accumulateur, en intercalant un interrupteur sur le trajet d'un des fils, et on remarque les phénomènes suivants :

Aussitôt que l'on ferme le circuit et que le courant passe dans l'électro, les barreaux deviennent instantanément le siège d'actions magnétiques qui se révèlent par la propriété qu'ils acquièrent d'attirer violemment le fer. Si donc on dispose en regard, et à une faible distance des faces polaires d'un électro-aimant, une palette, ou *armature* en fer ordinaire, celle-ci se trouve soumise à cet effet d'attraction et vient s'appliquer contre les épanouissements des barreaux. En interrompant le passage de l'électricité, c'est-à-dire en ouvrant le circuit au moyen de l'interrupteur, l'action magnétique cesse et la palette retombe. On peut répéter ces deux effets autant de fois que l'on veut, et l'on comprend qu'il est possible de tirer parti de ce déplacement alternatif de l'armature pour commander un mécanisme présentant des dispositions variables.

La puissance d'un électro-aimant dépend de plusieurs conditions : en premier lieu, de l'intensité du courant circulant dans les spires du fil; deuxièmement en raison du nombre des tours du fil; enfin, troisièmement, d'après le diamètre du cylindre de fer sur lequel sont enroulées les bobines. C'est ce que Lenz et Jacobi ont indiqué dans des lois, plutôt empiriques, d'après lesquelles la puissance d'un électro est proportionnelle à l'intensité du courant, au nombre de tours de l'hélice magnétique, et à la racine carrée du diamètre du barreau. Toutefois, l'influence des deux premières causes a une limite, car le barreau en s'aimantant davantage approche de plus en plus d'un état de saturation au delà duquel sa force magnétique reste constante, malgré l'accroissement d'intensité du courant et la multiplication des tours d'hélice. En outre, les spires de l'hélice, en s'enroulant les unes par-dessus les autres, s'écartent progressivement du fer, et par suite, leur action magnétisante décroît aussi progressivement. Quant à la troisième loi, le calcul montre qu'elle n'est plus exacte quand le courant est très intense, parce qu'alors la puissance de l'électro croît beaucoup plus vite que la racine carrée du diamètre du barreau.

On a également cherché à se rendre compte de l'influence de la longueur des barreaux, mais les expériences ont été peu concordantes. Cependant on peut penser que la longueur est sans influence dans les électro-aimants en fer à cheval, mais que, dans les électro-aimants droits, la puissance augmente, jusqu'à une certaine limite, avec la longueur. Enfin, le calcul et l'expérience sont d'accord pour montrer que, si l'on veut obtenir le maximum d'effet d'un électro, il faut que la résistance de la bobine égale la somme totale des résistances extérieures. Il importe donc de combiner la longueur et le diamètre du fil roulé autour des électros, de façon à ce que cette condition se trouve satisfaite. Si le circuit extérieur présente une grande résistance, comme c'est le cas dans les lignes télégraphiques, on fera usage d'un fil fin et très long ; ce sera l'inverse si la résistance extérieure est faible.

Telles sont les conditions scientifiques présidant à l'établissement rationnel des électro-aimants. Pendant très longtemps, ainsi que nous le disions plus haut, jusqu'à l'époque de l'invention de la dynamo, on n'eut que ce seul appareil pour obtenir un mouvement mécanique. L'idée du moteur électrique se substituant à l'encombrante machine de Watt et de Papin était si séduisante cependant, que plus d'un inventeur s'attela à la recherche de la meilleure disposition à donner à une machine à électros, fournissant directement une puissance utilisable par transformation de l'énergie dans ses spires. Parmi ceux qui ont obtenu quelque résultat dans cette voie, il convient de citer particulièrement G. Froment, constructeur français d'instruments de précision, mort en 1863, qui établit deux modèles de moteurs basés sur ces principes.

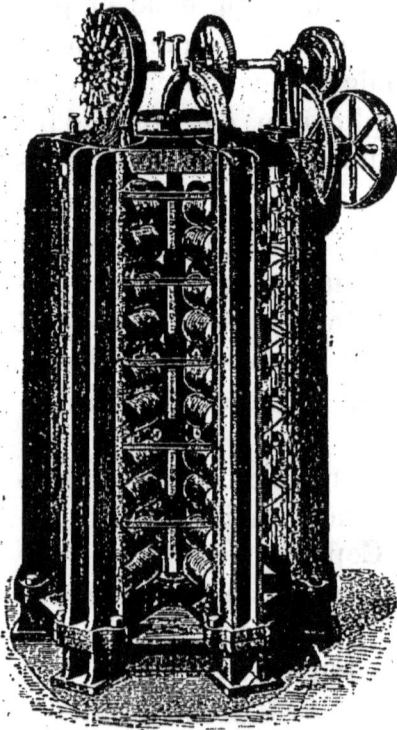

Fig. 3. — Grand électro-moteur de Froment.

Le premier, que l'on peut encore voir au Conservatoire des Arts et Métiers, présente une disposition verticale. Sur un bâti héxagonal en fonte mesurant près de 2 mètres de hauteur, sont disposées six rangées d'électro-aimants auxquels le courant est successivement distribué par le jeu d'un commutateur tournant, disposé à la partie supérieure du bâti. Au centre de ce cadre hérissé de bobines, se dresse un arbre, tournant entre deux butées, dont l'une est réglable, et cet arbre porte autant de roues munies d'armatures qu'il y a de rangées d'électro-aimants dans le sens vertical. Le fonctionnement s'opère de la manière suivante : les touches du commutateur sont réglées de telle sorte que le courant est envoyé successivement dans les six rangées verticales d'électros, au fur et à mesure que les armatures des roues s'approchent des faces polaires. De cette manière, un mouvement circulaire continu est obtenu.

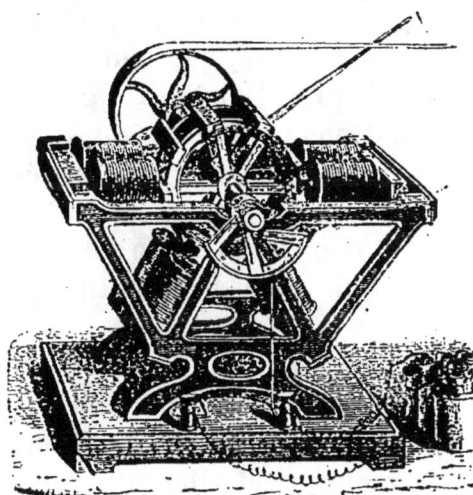

Fig. 4. — Moteur électrique Froment à rotation directe.

Dans le deuxième modèle du même constructeur, l'arbre portant la roue à armatures de fer, était horizontal et tournait entre deux paliers supportés par les côtés d'une cage en fonte supportant six électro-aimants disposés exactement comme les rayons d'une roue, c'est-à-dire avec leurs faces polaires situées à une très

faible distance des armatures vissées sur la circonférence de la roue. Un commutateur, comme dans le premier type, distribue le courant de la source successivement dans les six électros, qui deviennent actifs au
moment où les armatures s'approchent d'eux, et rede-
viennent neutres aussitôt celles-ci arrivées en regard de
leurs épanouissements polaires.

Au point de vue mécanique, les moteurs Froment
étaient parfaits, mais il n'en était pas de même pour le
rendement et l'utilisation de l'électricité, que leur four-
nissait une puissante batterie de piles Bunsen. Le grand
modèle vertical, qui ne pesait pas moins de 800 kilogrammes, ne pouvait fournir une puissance utile supérieure à 30 kilogrammètres, c'est-à-dire moins d'un
demi-cheval-vapeur, et avec une dépense de zinc et
d'acide hors de toute proportion avec la quantité de
travail disponible.

Il en a toujours été de même pour tous les moteurs
à électros, quelque disposition que l'on s'efforçât de
donner aux organes constitutifs. Le système de Bourbouze à électros creux et à mouvement alternatif commandant par balancier et bielle la manivelle d'un volant
à arbre horizontal, ne fournit pas sensiblement un meilleur résultat.

Ces premiers moteurs électriques, en raison de leur
insuffisance de rendement, ne furent jamais considérés
comme des appareils véritablement industriels. Aussi,
ce n'est que comme instruments de physique et de démonstration qu'ils sont encore en usage, et notamment
pour faire tourner les tubes fluorescents de Geissler.
C'est-à-dire que ce n'est plus que dans la catégorie
des joujoux scientifiques que l'on peut encore rencontrer

aujourd'hui ces petits moteurs, incapables d'un service
exigeant la production d'une certaine quantité de travail.

Ce n'est qu'à l'époque où la dynamo commença à se
répandre que l'on songea à tourner la difficulté en utilisant la précieuse propriété de ce genre de machines
consistant dans la *réversibilité* des phénomènes qu'elle

Fig. 5. — Moteur à électro-aimants de Bourbouze.

produit. C'est-à-dire que, si l'on fournit du mouvement
à une dynamo en faisant tourner sa partie mobile, on
donne naissance à un courant électrique, et qu'inversement, en lui fournissant de l'électricité, on reproduit du
mouvement, que l'on peut utiliser pour actionner une
machine.

On a commencé par adopter, comme organe tournant, la bobine à double T constituant l'*induit* des dy-

namos du constructeur allemand Siemens. C'est Marcel Deprez qui, l'un des premiers, a établi un moteur
basé sur ce nouveau principe ; la partie mobile était
une armature dont la section présentait l'aspect d'un
double T. Dans l'échancrure pratiquée longitudinale-
ment dans la masse du cylindre était logé un fil soigneusement isolé et agissant sur la masse du fer doux
de la même façon que les enroulements hélicoïdaux sur
les barreaux d'un électro-aimant. Cette bobine était
logée et tournait entre les épanouissements polaires
formés par les extrémités d'un aimant permanent en
fer à cheval créant le champ magnétique indispensable.

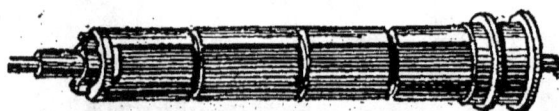

Fig. 6 — Armature Hefner Altenock connue sous le nom
de « bobine de Siemens »

L'extrémité de l'arbre tournant entre des paliers était
pourvue d'une double bague sur laquelle frottaient deux
lames métalliques en rapport avec les bornes d'arrivée
du courant, de manière à ce que le courant circulant
dans l'armature fût redressé à chaque demi-tour de
l'arbre et eût constamment le même sens dans l'enroulement induit.

Le moteur Marcel Deprez était donc un moteur *magnéto-électrique*, analogue par sa construction aux ma-
gnétos employées pour l'allumage du mélange de
vapeurs d'essence et d'air atmosphérique dans les moteurs d'automobiles actuels. Le modèle de G. Trouvé,
qui le suivit, était un moteur *dynamo-électrique*, parce

qu'il employait, non plus un faisceau d'aimants perma-
nents, mais un inducteur entouré de fil et agissant
comme un électro-aimant pour créer le champ magnétique, avait un induit en forme de tambour, absolument
analogue à la bobine à double T de Siemens. Toutefois,
pour éviter l'effet du point mort pendant la rotation,
M. Trouvé avait modifié les dispositions des parties
polaires, qui étaient excentrées de façon à s'approcher
alternativement des électros inducteurs.

Citons encore, parmi les appareils du même genre, le
modèle dû à Cloris-Bau-
det et qui date de la
même époque. L'organe
essentiel de ce moteur
diffère des précédents :
deux plaques de fer doux
sont réunies par six pe-
tits barreaux intérieurs
formant autant d'électro-
aimants séparés ; tous les
pôles de même nom de
trois de ces électros sont

Fig. 7. — Premier moteur de M. Trouvé

réunis du même côté, et
les trois suivants ont une polarité inverse, de sorte que
chaque armature reçoit une aimantation positive d'un
côté et négative de l'autre. Par suite de cette disposition, l'aimantation produite par ces six électros distincts atteint un degré de saturation supérieur à celle
que pourrait avoir un électro formé d'une seule masse,
comme c'est le cas dans la bobine de Siemens. Afin de
rendre les attractions régulières, l'induit Cloris-Baudet
se trouve donc divisé en deux parties agissant alterna-

tivement et l'une après l'autre ; l'étincelle d'extra-courant, dont l'effet est destructeur pour les contacts du commutateur, est ainsi évitée.

Il fut construit deux types de ce petit moteur qui reçut d'assez nombreuses applications, notamment aux machines à coudre. Le premier, à bobine tournante unique, pouvait développer 2 kgm. 5 avec le courant d'une batterie de 6 éléments de piles au bichromate, et 3 kgm. 5 avec 12 éléments. L'autre modèle comprenait deux bobines disposées horizontalement entre des barreaux prismatiques en fer doux supportés par des piliers en cuivre vissés sur un socle en bois verni, et il développait 5 kilogrammètres avec 12 éléments en tension et 7 kgm. 5 avec 16 éléments.

L'organe tournant du moteur Griscom était encore une bobine à double T, tournant à l'intérieur d'un anneau cylindrique creux en fonte malléable, anneau recouvert d'enroulements de fil le divisant en deux moitiés combinées de manière à créer deux pôles conséquents aux deux extrémités d'un même diamètre vertical. Ce système, qui donna des résultats satisfaisants, fut appliqué, comme celui de Baudet, à la commande de machines à coudre, tours de dentiste, orgues et autres petits instruments n'ayant besoin que de quelques kilogrammètres d'énergie pour entrer en mouvement, mais sa vitesse de rotation étant très considérable, il fallait le pourvoir d'engrenages démultiplicateurs forcément bruyants et sujets à usure. De plus, tous ces moteurs, établis d'une manière un peu empirique par des électriciens ingénieux mais non ingénieurs, avaient un rendement très médiocre atteignant à peine 50 p. 0/0 de l'énergie qui leur était apportée sous forme de courant. On sait que le travail de 1 cheval-vapeur, ou 75 kilogrammètres par seconde, correspond à 736 watts d'énergie électrique. Or une batterie de 12 éléments au bichromate couplés en tension fournit environ 100 watts, et c'est à peine si ces moteurs fournis soient 3 kgm. 5, soit 35 0/0 de rendement à peine. Enfin, tous ces modèles, si bien combinés et agencés qu'ils fussent, exigeaient, pour être mis en marche, un courant primaire fourni par une source quelconque. Or, comme on n'avait que les piles à réactions chimiques pour développer ce courant, il en résultait que l'emploi de ces premiers moteurs, quelque bien combinés et agencés qu'ils fussent, était peu pratique. On connaît, en effet, les défauts de ces générateurs d'électricité, leur affaiblissement rapide, et le coût élevé de l'énergie qu'ils dégagent. Le kilogrammètre électrique obtenu par ce moyen était d'un prix réellement prohibitif, et c'est pourquoi les moteurs à bobine de Siemens ne purent être utilisés que pour de très faibles puissances, avec les piles comme source d'électricité.

C'est alors, qu'ayant constaté que les machines dynamo-électriques présentaient la précieuse propriété de la *réversibilité*, et qu'en leur fournissant du courant provenant d'un générateur quelconque on recueillait de la puissance sur leur arbre, on songea à les utiliser en les accouplant par deux à l'aide d'une ligne de conducteurs. La première de ces dynamos, actionnée par un moteur mécanique, était la *génératrice*, l'autre, recevant le courant par les conducteurs, était la *réceptrice*, ou moteur électrique. On désigne donc sous le terme de *réversibilité* cette faculté de réciprocité propre aux machines d'induction que les courants qu'elles fournissent ou qu'elles reçoivent, soient continus, alternatifs, redressés ou polyphasés. Cette faculté s'explique par les lois de l'attraction réciproque existant entre les pôles magnétiques et le courant, et c'est cette possibilité de transformation de l'électricité en travail immédiatement utilisable, qui a permis une foule d'applications restées jusqu'alors dans les limbes de la théorie, et telles que la transmission

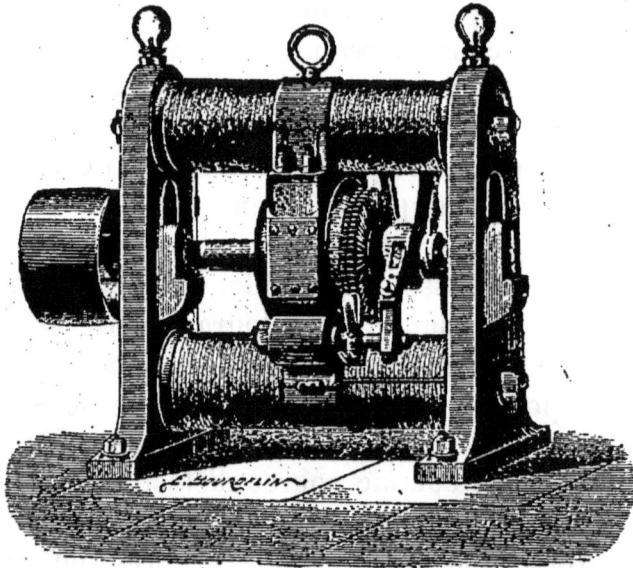

Fig. 8. — Première machine Gramme dite « type d'atelier ».

des puissances naturelles à toute distance, la commande directe des machines industrielles, enfin la traction électrique des véhicules de toute sorte.

La première dynamo qui fut connue et appliquée est, comme l'on sait, celle de Gramme, dont l'organe mobile était un anneau de fer doux entouré d'une série de bobines de fil fin isolées, reliées chacune à une des lames d'un *collecteur* de courant, de forme cylindrique. Cet

anneau tournait entre les pôles épanouis d'un électro-
aimant formé de deux barreaux horizontaux reliant les
deux flasques d'un bâti. Deux frotteurs fixes, appliqués
diamétralement de chaque côté de l'anneau, recueillaient
le courant développé dans les spires des bobines, lorsqu'on communiquait un rapide mouvement de rotation à
l'anneau. Or, on ne tarda pas à remarquer qu'en reliant
par un conducteur les bornes de cette dynamo génératrice aux bornes d'une autre machine identique, l'anneau
de celle-ci se mettait alors à tourner, en sens inverse
du premier, et reconstituait en partie la force motrice
dépensée à mouvoir celui-ci. De là à utiliser la dynamo
Gramme comme un nouveau moteur il n'y avait qu'un
pas, et il fut vite franchi, une fois la démonstration
pratique de la réversibilité de cette machine fournie.

Cette démonstration fut faite pour la première fois à
l'Exposition de Vienne en 1873, il y a trente-quatre ans.
Une dynamo Gramme était actionnée par un moteur à
vapeur ; elle envoyait son courant dans une machine du
même système placé à 500 mètres d'elle environ : celle-
ci se mettait en mouvement et sa rotation était appliquée
à faire fonctionner une pompe. Cette expérience fort
intéressante, et qui marque le début de la transmission
de la force à distance par l'électricité, fut organisée par
MM. Hippolyte Fontaine et Gramme ; elle attira beaucoup l'attention, mais il faut dire que ce principe avait
déjà été entrevu avant cette époque par d'autres électriciens, notamment MM. Siemens frères, en 1867, mais avant
eux encore, il avait été énoncé avec beaucoup de clarté
par un savant italien, M. Pacinotti, qui avait inventé, en
1861, une machine où se trouvaient appliqués et utilisés
la plupart des principes et même quelques-unes des dis-

positions de détail qui, huit ou dix années après, firent
le succès d'autres machines. Mais on ne s'occupait pas
alors de transmission d'énergie à cette époque ; l'invention de Pacinotti était restée inaperçue malgré sa très
réelle valeur, et ce n'est que l'Exposition d'Électricité
de Paris 1881, qui l'exhuma, la remit en lumière et fit
reconnaître le mérite de son créateur. Voici d'ailleurs la
conclusion du mémoire de Pacinotti relatif à la propriété
de réversibilité des machines à électro-aimants inducteurs développant un courant dans un circuit métallique
entourant un induit en forme d'anneau : *Notre modèle
nous montre comment la machine électromagnétique est
réciproque de la machine magnéto-électrique, puisque,
dans la première, le courant électrique qui y a été introduit et circule dans les bobines, permet d'obtenir le mouvement de la roue et son travail mécanique, tandis que,
dans la seconde, on emploie un travail mécanique pour
faire tourner la roue et obtenir, par l'effet du champ
magnétique créé par l'aimant permanent, un courant qui
circule dans les bobines, pour se transporter aux bornes
et, de là, être amené dans le corps sur lequel il doit agir.*»

C'est bien là l'énoncé du principe et le plus ancien que
l'on connaisse. Ce point d'histoire a son intérêt parce
que ce principe est d'une très grande importance et
confirme, en matière d'électricité, une propriété générale
de l'énergie qui peut reproduire ses divers aspects, ainsi
que nous l'avons montré dans le premier chapitre du
tome Iᵉʳ de la présente Bibliothèque d'Électricité. Presque tous les phénomènes naturels, en effet, sont réversibles : en dépensant de la chaleur on obtient du mouvement, comme le prouvent les moteurs thermiques en
usage dans l'industrie, et, inversement, en dépensant du

mouvement on reproduit de la chaleur, comme le prouve un arbre de machine qui grippe dans son coussinet par l'effet du frottement, lorsqu'on a omis de lubrifier ces pièces.

De même, toute décomposition ou réaction chimique est constamment accompagnée d'un dégagement de chaleur et d'électricité, et, en faisant passer dans un bain convenablement composé et chauffé un courant électrique, on reconstitue le corps primitif, ou inversement. La réversibilité est donc bien une propriété très générale, en électricité notamment, elle se présente constamment et permet des applications que l'on n'eût pu réaliser sans elle.

Une remarque se présente toutefois à l'esprit, quand on voit qu'il s'agit de machines absolument identiques, l'une absorbant du travail, l'autre récupérant seulement une partie de ce travail, et il semble tout d'abord qu'il serait plus simple de n'avoir qu'un moteur unique, au lieu de procéder par double transformation, cause de perte de force. Au début, avec les moteurs électromagnétiques actionnés par les piles, on avait affaire à un véritable développement d'énergie mécanique : on dépensait du zinc dans la batterie et on recueillait du travail sur l'arbre moteur, tandis qu'avec les dynamos exigeant la présence d'une source primaire d'énergie, on peut se demander quelle peut être l'utilité d'une pareille complication. Elle réside dans le *transport,* et un peu de réflexion permet de saisir l'extrême importance de ce fait, quand on veut bien songer au peu d'efficacité des autres moyens connus de transport de la force à distance sous forme de mouvement mécanique.

En effet, on ne dispose guère que des transmissions

par arbres rigides ou câbles télodynamiques, et de l'air comprimé envoyé par des canalisations, depuis l'usine de compression jusqu'aux récepteurs disposés chez les abonnés. Avec la dynamo, la distance du lieu d'emploi de l'énergie à l'usine de production ne constitue pas, comme avec les moyens précédents, une difficulté insurmontable, et c'est ce qui fait sa supériorité, en même temps qu'elle permet d'utiliser des puissances naturelles perdues ou inutilisées, telles que les chutes d'eau et les torrents des montagnes. Ces puissances sont transformées en électricité par le déplacement de conducteurs à l'intérieur d'un champ magnétique, et le courant est envoyé jusqu'au lieu d'application par un câble de cuivre qui est le seul lien réunissant la machine génératrice à la réceptrice, la dynamo au moteur, procédé incontestablement plus simple que celui des arbres tournants ou des courroies de transmission, et qui permet la division de la force à volonté, une génératrice unique pouvant alimenter un nombre quelconque de réceptrices d'une puissance totale équivalente à celle de cette génératrice.

Pour en revenir aux débuts de la question du transport de l'énergie par l'électricité, nous avons dit plus haut que la première démonstration de la possibilité de ce transport avait été fournie dès l'année 1873 par MM. Fontaine et Gramme à l'Exposition de Vienne, où une pompe fonctionnait, grâce à cette nouvelle méthode de transmission, à un demi-kilomètre du moteur à gaz primaire.

On n'entra qu'assez lentement dans la voie ainsi indiquée, sans doute parce qu'à cette époque, il n'existait encore comme dynamos que les machines Gramme à lumière et à galvanoplastie, lesquelles ne présentaient aucunement les dispositions favorables au transport de l'énergie à distance. En 1879, MM. Félix et Chrétien réalisèrent bien la commande électrique de nombreuses machines agricoles ; notamment des charrues, mais le prix excessif de cette installation et de son entretien empêcha ses promoteurs de la poursuivre, et il faut arriver à l'année 1882 pour voir un savant, M. Marcel Deprez appliquer ses efforts à la solution rationnelle du problème. La première expérience eut lieu le 12 février, et M. Deprez annonça à l'Académie des sciences qu'il était parvenu à transporter une quantité de travail évaluée à 27 kilogrammètres (1 tiers de cheval-vapeur), à travers une résistance de 786 ohms équivalent à 78 kilomètres de fil télégraphique ordinaire, et avec un rendement égal à 25 0/0 du travail de la génératrice. C'était un début. La même année, un transport fut exécuté entre Miesbach et Munich, à 57 kilomètres de distance avec une ligne offrant une résistance de 950 ohms ; le rendement mécanique fut d'environ 30 0/0 de la force primaire. Une installation faite ensuite entre Vizille et Grenoble, à 14 kilomètres de distance, fournit encore de meilleurs résultats, enfin, en 1886, M. Deprez exécutait une expérience de grandes proportions (pour le moment). Une génératrice de 116 chevaux développant une tension de 6.300 volts pour une intensité de 7 à 10 ampères avait été installée dans les ateliers de la Compagnie du chemin de fer du Nord à Creil, et reliée, par une ligne présentant une résistance de 97 ohms, à une réceptrice disposée aux ateliers de la Chapelle, à 56 kilomètres de distance. La tension, aux bornes de cette réceptrice, fut de 5.100 volts et l'on recueillit 52 chevaux, c'est-à-dire un rendement de 45 0/0. Ces essais fournirent la démonstration pratique qu'il était possible d'utiliser les courants continus de haute tension pour le transport de l'énergie, avec un rendement de près de 50 0/0, et quelque temps après, M. Fontaine montra que l'on pouvait parfaitement transporter cette quantité d'énergie avec des machines de type commercial couplées en série, sans qu'il fût indispensable de recourir à l'emploi d'une génératrice unique de prix extrêmement élevé, comme l'avait fait M. Deprez, dont cette remarque ne diminue pas toutefois le mérite de pionnier du progrès.

Quelques années plus tard, M. Brown, électricien suisse, installait un transport de force avec un groupe turbine-dynamo donnant 30 chevaux sous un potentiel de 1.700 volts. La ligne avait une résistance de 10 ohms, et l'intensité du courant était de 11 ampères. On recueillit à l'arrivée 23 chevaux, ce qui équivaut à un rendement de 75 0/0, résultat très supérieur à tout ce qui avait été obtenu jusqu'alors.

Mais on ne tarda pas à se rendre compte que l'on était limité dans cet ordre d'idées par les dimensions à donner aux conducteurs de transport dès qu'il s'agissait de transmettre à un certain nombre de kilomètres une puissance un peu considérable. Si, par raison d'économie, on ne prend que des conducteurs de diamètre relativement restreint, le courant éprouve une grande résistance à se propager, les fils s'échauffent, et le rendement baisse de plus en plus. On est alors obligé d'augmenter la section des câbles, mais alors la dépense s'accroît suivant une progression très rapide, et il vient un moment où il est moins coûteux d'installer sur place

un moteur thermique, à vapeur ou à gaz, plutôt que
d'aller chercher au loin une puissance naturelle, cependant gratuite, que l'on doit transformer en électricité
pour la transporter. L'intérêt du prix des canalisations,
et de celui de la captation de la force peut représenter
une valeur plus élevée que le coût du charbon consommé par un moteur thermique.

La question de l'utilisation des forces naturelles et de
leur transport au loin, n'aurait donc pas avancé ou l'on
se serait borné à distribuer l'énergie dans un faible
rayon autour de l'usine génératrice si l'on n'avait eu
l'électricité que sous forme de courant continu, auquel
force était de donner une très haute tension pour franchir économiquement une certaine distance. C'est alors
qu'on songea à recourir aux courants alternatifs, qui
peuvent être obtenus plus aisément que le courant continu sous un voltage élevé. Mais alors on se heurta à
une nouvelle difficulté jusqu'alors insoupçonnée : les
alternateurs possèdent bien, comme les dynamos, la
propriété de la réversibilité, mais à la condition que la
réceptrice tourne *synchroniquement* avec la génératrice,
de façon à ce que le courant passe par les mêmes phases successives dans les enroulements des deux machines. Un moteur à courant alternatif ne démarre pas de
lui-même en entraînant les appareils qu'il doit commander, et il faut d'abord le mettre en route et le faire
tourner à la même vitesse que la génératrice; la liaison
avec celle-ci ne s'opère que lorsque la concordance, le
*synchronisme*, est atteint. De plus si la demande de
travail, la charge extérieure dépasse une certaine limite
il se produit un *décrochage*, le synchronisme est rompu,
et la réceptrice s'arrête. Pour pallier à cet inconvénient,

jusqu'à ce que les moteurs *asynchrones* fussent inventés et entrés dans la pratique, on recourut à un autre moyen consistant à séparer le transport de force de la distribution. Le premier s'opérait à haute tension, ce qui permettait d'employer pour la canalisation des conducteurs de section restreinte et peu coûteux ; à l'arrivée, un appareil d'induction ramenait la tension au chiffre normal pour la consommation. C'est à l'électricien français Gaulard que l'industrie électrique est redevable de ce système de distribution au moyen de ce que l'on a appelé depuis lors les *transformateurs statiques,* appareils à l'étude desquels nous consacrerons un chapitre, dans ce volume, et qui ont été surtout appliqués aux distributions d'éclairage.

C'est la découverte des courants polyphasés et des champs magnétiques tournants qui a permis aux transports d'énergie à grande distance de prendre un développement immense dans tous les pays.

MM. Ferraris et Tesla ayant fait connaître vers 1890 la théorie des *champs tournants,* on put voir l'année suivante, à l'Exposition de Francfort, la première application de ce principe aux moteurs électriques. Le moteur Brown fonctionnant à l'aide de courants diphasés avait un induit mobile et un inducteur fixe, disposé concentriquement, et il en était de même dans le modèle de la Société *Allgemeine Elektricitæts Ges.* de Berlin et dans celui de Dolivo-Dobrowolski. En 1892, une expérience concluante montra l'avantage de ces dispositions, et pour la première fois on parvint à recueillir à 175 kilomètres de distance, avec une perte de 20 0/0 seulement une quantité d'énergie égale à 100 kilowatts. L'électricité produite par un alternateur à courants tri-

phasés actionné par une turbine hydraulique installée
sur le Neckar, à Lauffen, était envoyée, sous le potentiel de 5000 volts par une ligne aérienne formée de trois
conducteurs en cuivre nu de 6 millimètres de diamètre, jusqu'à Francfort, où un transformateur ramenait
la tension au chiffre normal requis pour l'alimentation
des appareils. Le succès complet remporté par cette installation fournit la démonstration la plus éclatante qu'il
était possible d'espérer, de la supériorité des courants
alternatifs polyphasés sur le courant continu, pour le
transport à grande distance de quantités quelconques
d'énergie électrique. On abandonna par suite l'étude
des moteurs à courant alternatif simple synchrones,
pour porter toute l'attention sur les moteurs à courants
polyphasés et à champ tournant asynchrones, pouvant
démarrer sous charge et fournir un excellent rendement.
Dans cet ordre d'idées de nombreuses améliorations de
détail furent apportées aux organes constitutifs de ces
moteurs, et nous les décrirons dans les chapitres con-
sacrés à ces modèles.

Aujourd'hui il n'est plus fait usage, pour le transport
de l'énergie à grande distance, que de courants alternatifs à plusieurs phases. Au lieu d'arrivée, s'il est indispensable que l'on distribue du courant continu, comme
c'est fréquemment le cas, particulièrement pour les
applications à la traction, la réceptrice asynchrone est
attelée à une dynamo qui alimente le réseau de distribution, charge les batteries d'accumulateurs ou actionne
les moteurs électriques des tramways à contact par
trolley, frotteurs ou plots. Ainsi le transport est très
nettement séparé de l'utilisation.

Nous examinerons d'ailleurs, en détail, ces conditions

au fur et à mesure que nous avancerons dans notre travail. Pour l'instant occupons-nous seulement des courants continus appliqués à la production de la force
motrice, et des appareils transformant en mouvement
mécanique l'énergie reçue sous forme de courant électrique.

# CHAPITRE II

## LES MOTEURS ÉLECTRIQUES A COURANT CONTINU

L'emploi de l'électricité comme agent de force motrice tend à se généraliser de plus en plus, et le jour est probablement proche où tout le monde industriel reconnaîtra qu'il peut demander à cet agent et en attendre les meilleurs services, car il se prête à toutes les applications mécaniques sans exception. L'impulsion a été donnée après quelques tâtonnements inévitables au début, et les usages de la force électrique se développent tous les jours davantage, ce qui montre bien que l'on a reconnu les avantages matériels importants que procure ce genre de moteur.

Par leurs dimensions exiguës pour l'effort qu'ils peuvent fournir, par la facilité qu'ils offrent de pouvoir être installés dans toutes les positions, aussi bien au plafond, sur les surfaces murales que sur le sol, les moteurs électriques réalisent un desideratum de l'industrie, qui consiste dans le moindre emplacement possible, en même temps qu'une remarquable simplicité dans la transmission du mouvement. De plus, ces moteurs fournissent un mouvement de rotation continu, sans organes de transformation, ce qui permet de les atteler directement aux machines à conduire.

Bien des petites industries qui s'exercent à l'intérieur
des villes apprécient particulièrement ces avantages,
car elles ne disposent le plus souvent que d'un emplacement très restreint pour le moteur. D'autre part, le
mode de fixation des réceptrices est très économique,
et les frais de premier établissement peu élevés. En
effet, jusqu'à 10 chevaux de force, deux madriers réunis par des boulons suffisent comme soubassement, et
il n'est pas obligatoire d'installer la machine sur un
massif de maçonnerie avec interposition de matières iso-
lantes, insonores ou élastiques. Enfin, la transmission
du mouvement de rotation de l'organe mobile du moteur à l'arbre de la machine à conduire peut s'opérer
soit directement, soit par une roue d'engrenage ou une
courroie très courte. Il n'est donc plus nécessaire
de se préoccuper, lors de l'édification d'un atelier, de
la solidité spéciale à donner aux charpentes devant
supporter les chaises et les paliers des organes de transmission usuels. De ce côté, les frais de premier établissement sont réduits dans de notables proportions, aussi
peut-on diviser aisément la force produite par une puissante génératrice et la distribuer à un grand nombre
de petites réceptrices disséminées comme des lampes
à incandescence, le long d'un réseau de moyenne étendue.

Sans qu'il soit nécessaire pour l'instant d'examiner
de plus près le mode de fonctionnement de ces machines,
on peut dire que le succès des moteurs à courant continu sur les premiers types à action magnétique provient
surtout du grand rendement économique qui a pu être
obtenu, comparativement à ceux-ci. Dans les premiers
moteurs électriques, dont nous avons dit quelques mots

au début de ce livre, le mouvement était produit par l'aimantation de masses de fer auxquelles on faisait attirer des armatures mobiles dont le déplacement donnait naissance au travail mécanique. Il fallait naturellement que les masses aimantées cessassent leur action aussitôt l'attraction produite pour la recommencer aussitôt après afin d'amener une nouvelle impulsion. Ce procédé présentait trois graves défauts : 1° les actions magnétiques s'affaiblissent très rapidement avec la distance, de sorte que les attractions d'un aimant n'ayant de puissance que dans un rayon très petit, les impulsions obtenues ne pouvaient être énergiques que dans une très faible partie de la durée du mouvement ; 2° ce mouvement lui-même ne résultait pas d'une action continue, mais d'une série d'à-coups successifs, ce qui

Fig. 9. — Génératrice à courant continu.

constitue un moyen mécanique toujours défectueux d'obtenir du travail ; 3° enfin, et c'est là l'inconvénient le plus grave, l'aimantation et la désaimantation de masses de fer de quelque importance ne peuvent être opérées instantanément ; elles demandent un temps très court sans doute, mais cependant appréciable ; de plus ces alternatives n'ont pas lieu sans dissiper une quantité notable d'énergie, et une expérience facile à répéter peut en fournir la preuve. Si l'on aimante et désaimante rapidement un grand nombre de fois un électro-aimant, son noyau s'échauffe sensiblement : cette chaleur représente autant de travail : c'est de l'énergie qui se perd dans ces

mouvements magnétiques successifs,où pour parler plus
correctement, car l'énergie ne peut se perdre, qui est
transformée en une réaction inutile au but poursuivi.
Ces trois inconvénients sont évités dans les moteurs
électriques basés sur les lois de l'induction, car, ainsi
que l'on peut s'en rendre compte en étudiant ces appareils : 1° les distances d'action sont réduites au minimum, les fils induits pouvant tourner à une distance

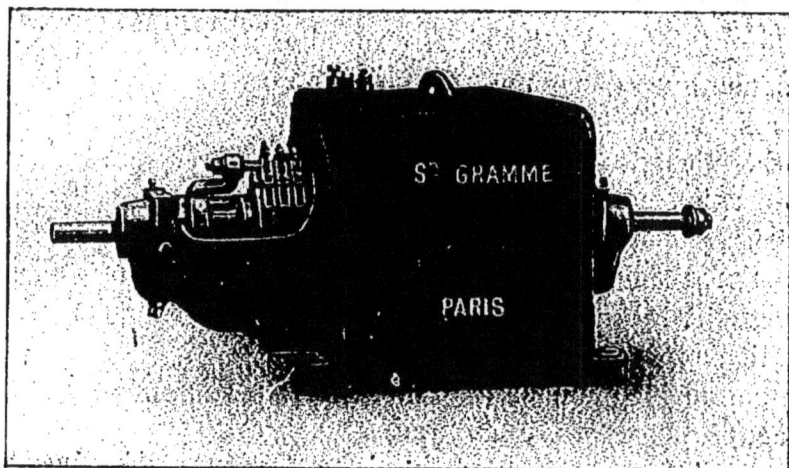

Fig. 10. — Moteur à courant continu, type de la Société Gramme.

très faible des pôles magnétiques ; l'action, bien que
non absolument continue théoriquement, est composée
d'une série si rapide d'impulsions successives, qu'elle
est pratiquement continue ; 3° enfin, l'aimant produisant le champ magnétique qui fait naître l'induction,
demeure toujours dans le même état et n'a point à subir d'alternatives, ce qui permet de pousser l'aimantation à des intensités dont les premiers spécimens devaient
rester bien éloignés, et tout cela sans parler de nom-

breux autres avantages que présentent les machines
basées sur les mêmes principes que les dynamos.

Si l'on considère une dynamo bipolaire à courant
continu, genre Gramme, ayant ses inducteurs excités
d'une façon quelconque, les pôles des électros se trou-
veront en regard l'un de l'autre. Le courant apporté par
les balais se divise par moitié dans les deux portions
du fil, à droite et à gauche de la ligne neutre, dans les
sens indiqués, et une spire quelconque doit se déplacer
dans le champ magnétique de manière à satisfaire aux
lois générales de l'électro-magnétisme: Il est facile, en
appliquant la loi de Lenz exposée à la fin de notre premier volume, de trouver quel sera le sens dans lequel
cette rotation s'opérera, et si l'on veut supposer un instant que la machine considérée fonctionne comme génératrice, on trouvera ce sens en faisant tourner l'anneau induit dans la direction de la flèche, et alors on
s'apercevra que l'électricité engendrée par ce déplacement s'oppose à la continuité du mouvement. Donc,
cette machine, alimentée par ce même courant, et libre
de tourner dans un sens quelconque, doit évidemment
se mettre en marche dans le sens contraire de la
flèche, c'est-à-dire suivant un sens diamétralement
opposé.

Quand une réceptrice se met à tourner, son fil ne se
comporte pas comme un simple conducteur de courant,
et nous allons essayer de montrer comment s'effectue le
fonctionnement de cette réceptrice. Prenons une dynamo
bipolaire ou multipolaire d'un système quelconque, et
imprimons-lui une vitesse déterminée et constante,
par exemple, 1500 tours par minute. D'abord nous
ne placerons aucun fil conducteur entre les bornes de

cette machine, le circuit sera ouvert, et, dans ces conditions, il ne se produira aucun courant, mais on ne
dépensera pas non plus de travail pour faire tourner la
dynamo, ou du moins très peu, et simplement de quoi
vaincre les divers frottements. Mettons maintenant, entre
les deux bobines un fil conducteur assez long et résistant : 100 mètres, par exemple, de fil de fer fin, en même
temps que nous intercalons sur ce fil un appareil de
mesure : galvanomètre ou ampèremètre pouvant indiquer
l'intensité du courant. Cet appareil accusera un courant
très faible, et la machine à vapeur commencera à fournir un peu de travail ; diminuons la longueur du fil, le
courant augmentera d'intensité, et avec lui le travail
fourni par le moteur, et ces deux quantités iront toujours croissant, à mesure que la résistance du circuit
diminuera. L'énergie développée pendant cette expérience se manifestera sous forme de chaleur, par ce que
l'on appelle l'effet de Joule ; le circuit s'échauffe ainsi
que les fils des enroulements, et, si l'on opère sans pru-
dence, l'induit de la dynamo pourra parfaitement brûler
par suite de cette transformation du travail mécanique
et de l'électricité, en chaleur.

Maintenant, au lieu du circuit formé simplement d'un
fil conducteur, relions la dynamo à une seconde machine
identiquement pareille à elle-même, en laissant l'appareil de mesure dans le circuit, et calons l'induit de cette
seconde machine de façon à ce qu'elle ne puisse pas
tourner ; nous constaterons alors qu'un courant de
grande intensité traverse le fil, et que le moteur actionnant la dynamo dépense un travail considérable. La
seconde dynamo agit donc simplement comme un conducteur présentant peu de résistance, ce qui occasionne

le dégagement de chaleur constaté. En réalité, cette
expérience ne pourrait même être prolongée impuné-
ment pendant un peu de temps, car la chaleur produite serait telle que les appareils seraient rapidement
détériorés et mis hors de service.

Agissons donc d'une manière inverse : supprimons
l'obstacle qui empêchait l'arbre de la deuxième dynamo
de tourner et laissons l'armature induite absolument
libre de se déplacer. Nous la voyons alors se mettre
immédiatement en marche ; sa rotation s'accélère très
rapidement, et l'ampèremètre indique en même temps que
l'intensité du courant diminue jusqu'à ce qu'elle devienne
complètement nulle. A ce moment, si l'on mesure au
compte-tours la vitesse de cette machine, on s'aperçoit
qu'elle est précisément égale à celle de la dynamo génératrice. Le moteur conduisant celle-ci ne fournit plus
aucun travail, les choses sont comme si la génératrice
tournait à circuit ouvert, car il ne faut pas oublier que,
dans ces conditions, la deuxième machine, la réceptrice
ne développe pas non plus de travail.

Pour comprendre ce qui s'est passé, il faut se rappeler qu'une machine dynamo-électrique qui tourne avec
son circuit fermé, produit toujours un courant. Donc,
lorsque notre réceptrice est entrée en mouvement, elle
a commencé par produire un courant, et si nous considérons l'ensemble avec attention, nous verrons immédiatement que ce courant circule dans une direction
opposée à celui qu'elle reçoit ; les deux machines tendent donc à lancer dans le même circuit deux courants
de direction contraire et qui, par suite, se détruisent
mutuellement. Il ne reste d'apparent que la différence
de ces deux actions ; or, quand les deux machines sont

arrivées à tourner avec la même vitesse, les deux courants qui tendent à naître sont égaux, et ils se détruisent donc complètement, ce qui fait qu'en réalité il n'y
a plus de circulation d'électricité dans le circuit, et les
machines tournent à vide comme si elles étaient en circuit ouvert.

Imposons maintenant un travail à notre deuxième
dynamo, donnons-lui, par exemple, un poids à monter.
Les fonctions des deux machines en circuit deviennent
alors bien distinctes ; la première engendre de l'électricité à un potentiel, où sous une force électromotrice
déterminée, c'est la génératrice, qui est actionnée par le
moteur primaire ; l'autre, qui fournit du travail est la
réceptrice, et on conçoit immédiatement ce qui va se
passer avec cet agencement. La réceptrice ayant un
travail à opérer sera ralentie et ne pourra conserver une
vitesse égale à celle de la génératrice. Dès lors, la force
contre-électromotrice qu'elle développe ne sera plus
égale à la force électromotrice du courant qui l'alimente ; celui-ci cessera d'être contrebalancé, et le courant résultant de la différence sera accusé par l'appareil
de mesure intercalé dans le circuit. Il existe constamment une relation entre l'effort imposé à la réceptrice et
l'intensité du courant circulant dans le circuit, et si cet
effort s'accroît de plus en plus, la vitesse de la réceptrice diminuera progressivement, jusqu'au moment où
elle s'arrêtera, et alors nous en reviendrons au point
d'où nous sommes partis : la machine cessant de tourner, le courant prendra sa valeur maximum.

Dans cette expérience, quel travail aurons-nous
recueilli, car c'est là le point capital, nous allons le
voir. A l'origine, la réceptrice étant libre, on n'avait

rien, à la fin, lorsqu'elle était chargée au point de s'arrêter, nous n'avions rien non plus. Cela se conçoit, car le travail recueilli dépend de deux éléments : 1° de l'effort et du travail accompli à chaque tour ; 2° du nombre de ces tours ; or, en augmentant l'effort par tour, ainsi que le travail, on ralentit la machine, c'est-à-dire qu'on diminue le nombre de tours : notre travail total est donc un produit de deux facteurs dont l'un augmente quand l'autre diminue, mais, à ce moment donné, il y a un maximum, c'est quand la vitesse de la réceptrice est égale à la moitié de celle de la génératrice, et l'on recueille alors sur l'arbre de la première la moitié du travail dépensé sur l'autre, et on obtient d'elle le plus grand travail qu'elle soit susceptible de fournir.

On sait, en effet, qu'en matière de transformation et de transport d'énergie, le travail recueilli n'est jamais égal au travail dépensé. Il y a toujours une perte, et la proportion entre les deux quantités de travail, celui recueilli sur l'arbre de la réceptrice et celui dépensé à la poulie de la génératrice donne la mesure de cette perte. On donne à cette proportion le nom de *rendement électrique* de la transmission. Dans aucune circonstance il ne peut atteindre 100 0/0, et nous venons de voir dans l'exemple ci-dessus que, dans le cas où l'on cherche à obtenir le travail maximum, il descend à 50 0/0. Mais cette proportion n'est pas nécessaire ; en n'exigeant pas des appareils le plus haut travail qu'ils puissent fournir, on en obtient une somme moindre, il est vrai, mais on l'obtient à meilleur compte, c'est-à-dire avec un rendement plus avantageux. Pour obtenir ce résultat, il suffit de prendre des réceptrices de plus grandes dimensions qu'il ne serait rigoureusement indispensable, par exemple, des modèles pouvant absorber le double qu'il serait nécessaire ; le maximum de force disponible ne leur étant pas demandé, leur rendement se trouvera sensiblement amélioré.

Ce rendement n'a d'ailleurs qu'une importance secondaire, car la perte par échauffement des conducteurs entourant l'induit et les inducteurs (effet Joule) n'est pas la seule : il y a encore ce que l'on appelle l'*hystérésis* ou magnétisme rémanent, les courants parasitaires dits de Foucault, etc., qui absorbent une partie de l'énergie parvenant à la réceptrice. Toute déduction faite, il reste une puissance réellement recueillie et mesurable au frein sur l'arbre du moteur électrique. On donne le nom de *rendement industriel*, le rapport de la puissance utile ainsi mesurée à la puissance parvenant à la machine réceptrice. Ainsi, en supposant qu'un moteur à courant continu branché sur une distribution de 110 volts consomme 5 ampères, soit 550 watts et qu'il fournisse une puissance normale de un demi-cheval, soit 37 kilogrammètres, le rendement industriel sera de 67 0/0.

Ce qui limite l'usage des moteurs à courant continu, c'est surtout l'éloignement séparant la réceptrice de la génératrice. Si ces machines sont placées à peu de distance l'une de l'autre et qu'elles soient réunies par un conducteur de très faible résistance, le rendement mécanique peut atteindre 55 à 60 0/0. Mais si l'on intercale entre elles une résistance de 0 ohm, 5 correspondant à 415 mètres de fil de cuivre de 4 m/m 5 de diamètre, la quantité de travail récupérée tombe de 10 à 15 0/0. Si l'on augmente encore cette résistance électrique, et qu'on la porte à 1, 2, 5 ohms, etc., le rendement mécanique s'abaisse de plus en plus et la puissance disponi-

ble devient presque nulle. La distance séparant les
machines est donc un facteur de première importance,
et qui influe considérablement sur la valeur du travail
recueilli quand on ne change pas les éléments de construction du moteur et le diamètre du conducteur.

Le prix des fils étant en rapport avec leur diamètre,
il n'est plus guère possible de faire usage de moteurs à
courant continu à basse tension lorsque l'éloignement
de la source d'énergie, de la station renfermant les unités génératrices dépasse 500 à 600 mètres. Avec le système *à trois fils* (voyez notre tome II), cet écart peut
être doublé, et il peut encore être augmenté avec le
système *à cinq fils*, le moteur étant branché entre les
fils extrêmes de la distribution, et fonctionnant ainsi
sous une tension normale de 440 volts. Si l'on élevait
la force électromotrice de la dynamo génératrice et
qu'on la portât à 3000 volts par exemple, et en diminuant en même temps l'intensité du courant, on pourrait transporter l'énergie à plusieurs kilomètres, en
réduisant sensiblement le diamètre des conducteurs de
canalisation, mais les dynamos se prêtent mal à la production ou à l'emploi de semblables tensions, en raison
des dispositions de leurs enroulements et de la nécessité
d'un collecteur. C'est par ces raisons que le courant
continu, malgré ses avantages, a dû céder le pas, dans
la question du transport de l'énergie à grande distance,
aux courants alternatifs simples ou polyphasés produits
par des alternateurs à haute tension.

Dans les machines produisant ce genre de courants,
l'absence de collecteur, la simplicité de construction de
la partie induite, et la rotation du champ magnétique,
font disparaître les inconvénients inhérents aux dyna-

mos, et tels que l'usure des parties tournantes, et notamment du collecteur sur lequel les balais frottent constamment. Enfin les alternateurs fournissent à volonté
des courants de tension très élevée, sans aucune autre
obligation que l'isolement parfait des organes mécaniques et des circuits. Le rendement, enfin, est plus élevé
qu'avec le courant continu et les dynamos.

En ce qui concerne le sens de rotation d'une réceptrice à courant continu, nous
avons dit qu'il était contraire
à celui de la génératrice, si
ces machines sont enroulées
*en série* ; les réactions qui
prennent naissance entre l'induit et l'inducteur tendent en
effet à empêcher la rotation
de l'anneau, et il se produit
un courant de sens déter-
miné. Mais dans le cas où la
réceptrice est enroulée en dérivation les conditions chan-
gent. Lorsque la dynamo
fonctionne comme généra-
trice, le courant circule dans
un sens donné, et il a dans
l'inducteur en dérivation la
direction indiquée par la flèche (fig. 11). Quand on prend

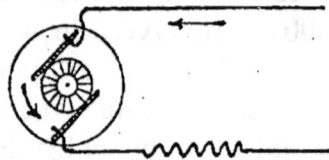

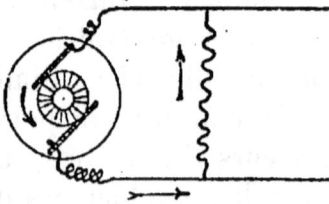

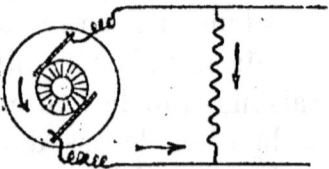

FIG. 11, 12 et 13.

ensuite cette machine comme réceptrice et qu'on lui
envoie un courant, le sens sera le même que précédemment dans l'induit, mais il aura la direction inverse
(fig. 12) dans les électros inducteurs. Le champ magné-

tique change donc de signe, les réactions s'opèrent dans
le sens contraire que dans une machine excitée en série,
et elles agiront dans le sens même du mouvement. Que
la machine soit employée comme génératrice ou comme
réceptrice, le sens de la rotation sera donc, par suite,
toujours le même. Pour les dynamos enroulées en compound, le sens de rotation variera suivant la proportion
relative des deux fils ; si le fil en série a une action pré-
pondérante, la machine tourne comme si elle était enroulée en tension ; si c'est, au contraire, le fil de dérivation qui est prépondérant, la machine tourne comme si
elle était excitée en dérivation. Enfin, une machine à
excitation séparée se comporte exactement comme si
elle était excitée en tension.

Donc, si l'on ne change rien aux connexions d'une
dynamo génératrice enroulée en série, un courant de
sens quelconque lui parvenant la fait tourner comme
moteur en sens inverse de celui dans lequel elle tournait comme génératrice, c'est-à-dire à *rebrousse-poil*,
comme on dit souvent. Pour obtenir la rotation dans
un sens déterminé, il est nécessaire d'intervertir les
connexions des fils des inducteurs.

En pratique on n'utilise les moteurs-série que lorsque
la transmission de force ne comprend que deux machines : la génératrice et la réceptrice. En maintenant
constante la vitesse de la première, le moteur électrique conservera une vitesse invariable, quel que soit
le travail développé. Ce genre d'enroulement est indispensable pour les appareils devant développer un couple moteur considérable au démarrage, mais n'ayant
pas besoin d'une excessive régularité. L'enroulement en
shunt ou dérivation est réservé aux moteurs devant

tourner à une vitesse constante sur une distribution à potentiel constant; le couple moteur, au départ, est absolument nul.

Si nous en arrivons maintenant à la question des dispositions mécaniques que présentent les moteurs électriques à courant continu, nous dirons que ces moteurs ne diffèrent que par des détails de construction des dynamos servant à la génération de l'électricité et que nous avons étudiées dans le tome II de cette collection de volumes. Lorsqu'il ne s'agit que de quelques kilogrammètres de puissance, les moteurs à bobine de Siemens alimentés par une source d'électricité telle qu'une batterie de piles ou d'accumulateurs peuvent suffire, mais au delà d'un quart de cheval, ou

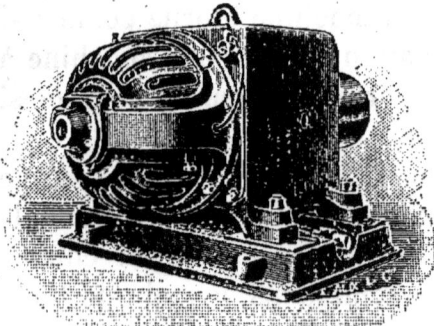

FIG. 14. — Moteur bipolaire à courant continu.

200 watts, l'usage de ces sources primaires de courant devient impossible, en raison des manipulations chimiques qu'elles nécessitent et du prix auquel revient alors l'énergie. Il faut donc demander le courant à un générateur mécanique à une dynamo, et dans l'industrie on ne fait plus usage que de réceptrices ainsi alimentées et pouvant se placer sur les réseaux de distribution servant en même temps à l'éclairage. Toutefois, on est limité dans la puissance qui peut être ainsi obtenue, la tension maximum du courant, dans les distributions urbaines ne pouvant atteindre que 440 volts, ainsi que

nous l'avons dit plus haut. En admettant un débit de
25 ampères et un rendement mécanique de 75 0/0, on
voit que l'on ne peut guère dépasser 10 à 12 chevaux-
vapeur, le moteur absorbant 11 kilowatts environ.

Les machines à anneau Gramme sont les modèles les
plus répandus, et ils donnent de très bons résultats,
comme moteurs, quelle que soit la provenance du courant qui traverse leurs enroulements. Celles qui sortent
des ateliers de la Société Gramme et qui sont désignées
sous le nom de « type léger » à réduction de vitesse

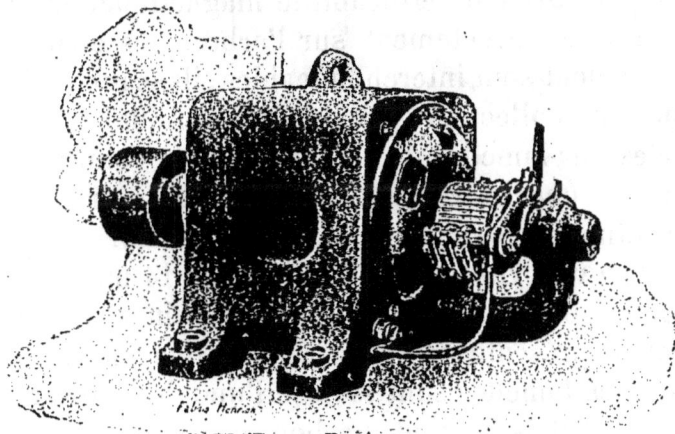

Fig. 15. — Moteur à courant continu Fabius Henrion.

sont d'une grande facilité d'installation, et elles présentent une grande sécurité, grâce à la protection de leurs
organes internes par la carcasse extérieure. Ces réceptrices sont pourvues d'une articulation élastique qui
permet de commander les machines-outils par friction
dans tous les cas où une transmission douce et progressive est indispensable ; elles permettent de supprimer l'usage des courroies et réduisent l'encombrement

au minimum, ce qui ne laisse pas que d'avoir certains avantages dans bien des cas (fig. 10).

Les moteurs électriques construits par les ateliers Fabius Henrion, de Nancy, appartiennent, jusqu'à 25 kw. au type dit « blindé », l'inducteur formant cuirasse et protégeant l'induit, et le collecteur étant, soit apparent, soit enfermé pour éviter dans ce cas l'effet des poussières ou des vapeurs en suspension dans l'air. L'inducteur est en acier doux, l'induit en forme de tambour. Les disques qui le composent sont en tôle de fer d'une très grande perméabilité magnétique, assemblés et clavetés directement sur l'arbre. Les éléments de l'enroulement sont interchangeables; ils se raccordent d'une part au collecteur par des lames radiales rivées et soudées aux lamelles de cet organe; de l'autre elles reposent sur une couronne dont les bras assurent une bonne ventilation pendant la marche (fig. 15).

L'induit a une vitesse périphérique de 14 mètres par seconde, qui pourrait être doublée sans inconvénient; le collecteur présente un grand diamètre et une grande longueur, ses lamelles sont isolées l'une de l'autre avec du mica, les balais sont en charbon, ce qui évite la production des étincelles nuisibles et diminue l'usure du cuivre, les secteurs porte-balais sont à calage variable, avec repère pour le calage normal. Enfin ces réceptrices peuvent fonctionner, soit posées sur le sol, soit appliquées au mur, soit suspendues, ou encore avec leur arbre disposé verticalement.

Les électromoteurs à courant continu système Labour appartiennent au type dit « cuirassé » et peuvent fonctionner à vitesse réduite sans réduction proportionnelle de la force électromotrice et de la puissance. Le noyau de l'induit est constitué par des tôles minces, isolées au papier et à la gomme-laque, les sections sont interchangeables, les cerclages en fil d'acier ou en rubans agrafés pour les fortes unités ; un dispositif spécial équilibre le débit dans les différentes sections. Le collecteur, en cuivre dur, est isolé au mica et les porte-balais ont été étudiés pour assurer le contact parfait et la régularité de la pression sur les lamelles (fig. 16).

Le rhéostat régulateur de champ sert à augmenter la vitesse normale des moteurs ; il est nécessaire seulement dans le cas, où une vitesse uniforme est indispensable. Jusqu'à 70 chevaux, le rhéostat assure le démarrage en vingt secondes, à la condition toutefois que l'intensité du cou-

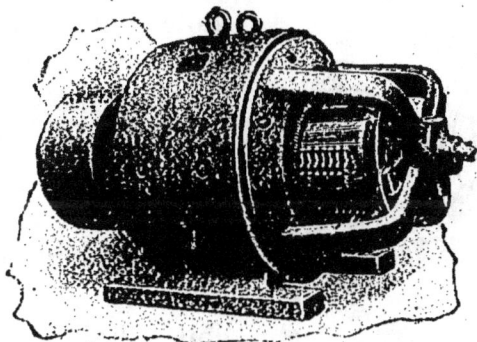

Fig. 16. — Moteur bipolaire Labour.

rant ne dépasse pas la normale. Si ce rhéostat de démarrage doit rester en circuit pour servir de réducteur de vitesse, il faut prévoir cet appareil comme s'il était destiné à un moteur trois fois plus fort.

Nous pourrions encore décrire comme moteurs à courant continu ayant fait leurs preuves, ceux qui ont été étudiés et construits par les *Anciens Établissements de Creil*, par la *Société Alsacienne de Constructions mécaniques* de Belfort, par les ateliers de Fives-Lille, par la *Société Générale Électrique* de Nancy, par les ateliers d'Oerlikon (Suisse), Olivier-Midoz, de Besançon, Sautter-Harlé, Trouvé, etc. Ces modèles, qui se sont fait connaître par leurs qualités, ont reçu de nombreuses applications. Malheureusement, la place nous est limitée ; nous devons bientôt nous occuper des moteurs à courant alternatif, et force nous est d'écourter ces descriptions. Nous terminerons donc ce chapitre par quelques données sur le calcul et les conditions d'établissement des moteurs à anneau Gramme ou à tambour Siemens.

*Moteur à vitesse constante et à vitesse variable.* — Un moteur électrique excité en shunt (ou en dérivation), ayant une faible résistance intérieure, présente, pour une différence de potentiel donnée, une vitesse angulaire à peu près constante et indépendante du travail extérieur. Pour maintenir cette vitesse constante sous toutes les charges, on doit affaiblir très légèrement le champ lorsque la vitesse augmente ; ce résultat s'obtient aisément, soit en agissant sur un rhéostat intercalé sur l'excitation, soit en interposant un enroulement série démagnétisant, présentant les proportions voulues.

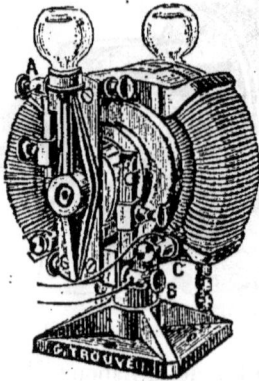

Fig. 17.
Moteur Trouvé.

En agissant différemment, on peut conserver une puissance constante, la vitesse étant alors variable, en proportionnant convenablement les enroulements du moteur. En faisant varier l'excitation, la vitesse angulaire varie dans de grandes limites, et cependant la puissance disponible reste constante et le rendement satisfaisant. C'est ce qui a été démontré dans une série d'expériences exécutées par la *British Schuckert Electric C°* avec une machine de 30 kilowatts fonctionnant sur réseau à 110 volts. Tandis que l'intensité du courant était de 310 ampères et la vitesse de 156 tours par minute, la puissance mécanique développée était de 42 chevaux, et elle était encore de 41 ch. 1/3 avec une intensité de 333 ampères et une vitesse de 600 tours. En supprimant brusquement la charge extérieure à un régime quelconque, la vitesse n'augmente que de 4 à 5 0/0 ; le calage des balais reste fixe pour toutes les charges, et le rendement ne varie que de 4 à 5 0/0 entre 150 et 600 tours.

*Accessoires des moteurs.* — Certains accessoires sont indispensables pour la manœuvre des moteurs électriques. Le premier est le *rhéostat de démarrage*, qui sert en même temps d'interrupteur et qui permet de réduire quand le moteur n'a pas atteint sa vitesse normale, l'intensité exagérée provenant de l'absence ou de la faible valeur de la force contre-électromotrice. Les résistances de ce rhéostat sont métalliques ou liquides. Il faut encore un plomb fusible, ou coupe-circuit automatique pour rompre la communication avec la ligne en cas d'élévation subite et accidentelle de l'intensité, enfin si la charge du moteur peut s'annuler (avec un moteur-série), un interrupteur automatique fonctionnant dès que la vitesse dépasse une certaine limite. Un moteur shunt demande les mêmes accessoires, surtout un interrupteur automatique à minimum coupant le circuit de l'électromoteur quand l'intensité du courant tombe à zéro, chose essentielle dans le cas d'appareils devant fonctionner ensemble jusqu'à l'arrêt de la génératrice,

autrement, à la mise en marche de celle-ci, tous les
rhéostats de mise en marche étant mis en court-circuit,
il y aurait un excès de courant dans chacun d'eux.

*Renversement du sens de marche.* — Le mode d'at-
tache des fils du circuit extérieur aux bornes d'un moteur
n'ayant aucune importance, leur permutation ne produit aucun effet, et il faut, pour renverser le sens du
courant, dans l'induit seulement, soit déplacer les balais
sur le collecteur, soit utiliser un commutateur particulier. Ce dernier procédé est le plus pratique, et si le
moteur est muni de balais en charbon, il ne se produit
pas d'étincelles nuisibles au collecteur, surtout si l'on
a pris la précaution de réduire au minimum, par le jeu
du rhéostat d'excitation, l'intensité du courant.

Dans le système Sprague, les deux bobines inductrices sont montées en dérivation sur la ligne; quant à
l'induit, ses extrémités aboutissent à deux contacts
glissant le long des bobines. Si les positions données
à ces points de liaison sont les milieux de ces contacts,
aucun courant ne passe dans l'induit, car ses extrémités sont au même potentiel, mais, si l'on déplace
les points de connexion dans des sens différents, on
obtient dans l'induit un courant d'autant plus intense
que ces points sont écartés davantage. Il est renversé
si l'on change le sens du déplacement des contacts. On
possède ainsi, grâce à cet artifice d'agencement des fils,
un mode de renversement du sens de rotation et de
réglage de la vitesse du moteur absolument pratique.

# CHAPITRE III

## LES MOTEURS A COURANTS ALTERNATIFS

On désigne sous le nom de moteurs à courants alternatifs ou *alternomoteurs*, un genre de moteurs électriques particuliers, fonctionnant sous l'action des courants alternatifs simples ou polyphasés. Cette catégorie de moteurs peut se subdiviser en plusieurs classes distinctes, mais avant d'établir une classification des divers systèmes actuellement en usage dans l'industrie, il nous paraît utile d'expliquer comment une dynamo ordinaire peut servir, le cas échéant, d'alternomoteur.

Une dynamo auto-excitatrice d'un modèle quelconque, traversée par un courant continu, tourne dans un sens invariable, quel que soit celui dans lequel elle est traversée par le courant. Lorsque l'excitation se fait *en série*, la rotation est inverse, si les inducteurs sont en shunt, le mouvement est direct par rapport à la génératrice. On peut conclure de cette remarque que cette dynamo alimentée de courants changeant constamment de sens, c'est-à-dire de courants alternatifs, prend un sens de rotation déterminé : elle constitue donc un alternomoteur. Toutefois, il faut apporter, dans la pratique, certaines modifications à la dynamo pour la rendre convenable à cet usage.

En effet, les inducteurs étant traversés par des courants alternatifs, leurs noyaux deviennent le siège de courants de Foucault. En même temps, l'hystérésis,

Fig. 18. — Génératrice de courants alternatifs avec son excitatrice.

ordinairement localisée dans l'induit seul, se fait sentir. En même temps, les circuits de ces pièces possédant une réactance élevée, on a, comme conséquences de la forte valeur de la self-induction, un abaissement très sensible de la force électromotrice, une augmentation notable du retard du courant sur la force électromo-trice, et par suite, une diminution sensible de la puissance absorbée ou rendue par la machine. Enfin, il se produit au collecteur des étincelles nombreuses et qui détériorent rapidement les lames de cuivre composant cette pièce.

Il faut donc, dans la construction des moteurs électriques à courants alternatifs, combattre les courants de Foucault, l'hystérésis et la self-induction.

On peut diminuer ces trois causes déterminant un rendement défectueux, en adoptant une basse fréquence de courant, par exemple, de 25 à 42 périodes par seconde. Pour restreindre ensuite la self-induction, on adopte l'excitation indépendante pour les génératrices, et l'excitation en série pour les moteurs ; ce dernier dispositif comportant un nombre moindre de spires inductrices. Enfin les courants de Foucault sont atténués par l'emploi de noyaux feuilletés dans les inducteurs, et l'hystérésis est restreint par un choix convenable du fer entrant dans la construction des pièces et la réduction du volume des noyaux, le magnétisme étant maintenu à saturation. Ainsi disposées, ces machines présentent l'avantage de présenter un couple énergique au démarrage, ce qui leur permet de démarrer sous charge, condition très précieuse dans bien des cas, notamment pour les ascenseurs. On ne peut leur reprocher que leur faible facteur de puissance qui nécessite de donner aux moteurs basés sur ce principe des dimensions plus considérables qu'avec d'autres systèmes.

Si nous arrivons maintenant à la question de la classification des différents types d'alternomoteurs, nous pourrons l'établir comme suit :

1° Les premiers, basés comme les moteurs à courant continu sur le phénomène de la réversibilité des alternateurs, sont tenus de tourner avec une vitesse réglée sur celle de la génératrice qui leur envoie le courant utilisé, c'est-à-dire en synchronisme avec la pulsation de ce courant. On les désigne sous le nom de moteurs *synchrones*.

2° Les autres reçoivent le courant alternatif dans leurs parties fixes seulement; une armature séparée et mobile est alors le siège de courants induits dont la réaction sur les inducteurs détermine le mouvement. Cette vitesse de rotation n'est pas forcément réglée sur la pulsation du courant ; c'est pourquoi on désigne ce genre de moteurs sous le nom de moteurs *asynchrones*.

Enfin si l'on considère le genre de courants alternatifs utilisés, on obtient, dans chacune des deux classes sus énoncées, deux catégories, suivant que ces courants sont *monophasés* ou *polyphasés*. C'est cet ordre très simple qui va être suivi, comme nous paraissant le plus rationnel à tous les points de vue.

### Les moteurs synchrones.

Ce genre d'alternomoteurs ne démarrent pas seuls ; ils exigent un lancé initial, comme les moteurs à gaz, et il est nécessaire, avant d'établir la liaison avec les appareils ou les transmissions à commander, de les amener au synchronisme avec la pulsation du courant envoyé par la génératrice, ainsi que nous l'avons dit plus haut.

Rappelons en passant que la raison qui a incité les électriciens à remplacer par les courants alternatifs, le courant continu fourni par les dynamos, est la difficulté que présente la canalisation du courant continu dans le cas d'une distribution très étendue, par exemple, dans une ville tout entière occupant une grande superficie. En ce qui concerne l'application aux moteurs, l'extension a été plus lente, par suite de la difficulté de faire démarrer sous charge les moteurs ainsi alimentés, mais aujourd'hui le problème est entièrement résolu, comme on le verra dans le présent chapitre.

Pour obtenir le démarrage des moteurs synchrones, on a recours à divers artifices que nous allons énumérer. On peut d'abord faire usage, dans ce but, d'un petit moteur asynchrone auxiliaire, que l'on met en marche à vide puis qu'on accouple ensuite au moteur synchrone par un plateau de friction. Lorsque la vitesse du synchronisme est atteinte, on envoie le courant de la génératrice dans le moteur synchrone qui tourne à vide, et et on débraye le moteur auxiliaire. On peut ensuite réunir la réceptrice aux transmissions à conduire par un accouplement élastique ou à friction. La puissance du moteur auxiliaire est juste suffisante pour vaincre les résistances passives du moteur synchrone.

On peut encore obtenir le démarrage en supprimant l'excitation continue et en utilisant d'abord le moteur comme asynchrone. Pour cela, on fait passer dans l'induit le courant de la ligne en intercalant une forte bobine de self-induction qui modère l'intensité du courant. Ce procédé est surtout employé en Amérique.

Lorsque le moteur est accouplé à une dynamo servant à la charge d'une batterie d'accumulateurs, comme cela se pratique dans de nombreuses sous-stations de distribution, on peut employer le courant de décharge de cette batterie pour faire tourner la dynamo qui fonctionne alors comme moteur et entraîne la réceptrice à courant alternatif. Quand la vitesse voulue est atteinte et le synchronisme obtenu, on supprime l'artifice ainsi mis en pratique, et on fait passer le courant de la ligne dans le moteur asynchrone. Il ne reste plus qu'à mettre celui-ci en liaison progressive avec la transmission, en s'attachant à ce que la charge extérieure, autrement dit le travail effectué, ne dépasse pas une limite déterminée, autrement, la vitesse de rotation diminuerait et le synchronisme n'existant plus entre la réceptrice et la génératrice, la machine s'arrêterait brusquement, étant mise ainsi hors de phase. On désigne ce phénomène sous le nom de *décrochage*. Il peut encore se produire à la suite d'une interruption du courant dans la ligne, car le moteur, un moment au repos, recevrait au moment du rétablissement du courant, une intensité considérable tout en restant immobile jusqu'à ce qu'une influence extérieure vienne le lancer de nouveau. C'est dire que les moteurs synchrones ne peuvent être abandonnés à eux-mêmes.

Lorsque le travail extérieur diminue, le synchronisme ne cesse cependant pas, même si ce travail est complètement annulé. Le moteur synchrone ne peut donc pas s'emballer, et ce n'est que dans le cas où la charge présente un grand moment d'inertie que l'on peut constater le décrochage intempestif de cette réceptrice.

*Excitation des moteurs synchrones.* — D'une façon

générale, tout alternateur peut servir de moteur, en
raison du principe de la réversibilité de ces machines,
mais il est nécessaire d'assurer l'excitation des inducteurs, ce qui s'obtient par différents procédés.

On peut, par exemple, employer une dynamo excitatrice spéciale, mais c'est là une dépense qui ne se conçoit que pour des unités de grande puissance. Le plus
souvent, le moteur synchrone entraîne lui-même son
excitatrice et celle-ci alimente alors une petite batterie
d'accumulateurs dont le rôle est de concourir au démarrage en actionnant la dynamo qui fonctionne alors
comme moteur, ou simplement par l'excitation des électro-aimants au moment du départ.

Il est encore possible d'exciter ces électros par une
portion du courant alternatif redressé; on emploie, dans
ce cas, des balais doubles pour chaque connexion. Il
est ordinairement nécessaire d'abaisser en même temps
la tension du courant; dans ce cas, un petit transformateur est adjoint au redresseur, de manière que ce
soit le secondaire qui alimente le commutateur.

Parmi les diffférents types de moteurs à courants alternatifs synchrones présentant des particularités inté-
ressantes et ayant reçu de nombreuses applications,
citons ceux qui sont étudiés par les ateliers d'Oerlikon
(Suisse), qui ont un induit fermé mobile, avec circuit
spécial de démarrage, fonctionnant sous 110 volts, à la
fréquence de 65 périodes. Ces moteurs sont à quatre
ou six pôles, et peuvent développer de 1/8 de cheval à
9 chevaux. Leur vitesse angulaire est de 1800 tours par
minute, et leur rendement atteint 80 0/0.

Les modèles construits par la Société l'*Eclairage
électrique* ne peuvent démarrer qu'à vide pour les rai-

sons que nous nous sommes efforcé d'expliquer, mais ils présentent l'avantage d'une marche très régulière et la faculté de pouvoir être branchés sur les réseaux de distribution d'éclairage sans troubler le fonctionnement des lampes. Ils donnent la possibilité de brancher, au contraire, un plus grand nombre de réceptrices sur la même génératrice et le même réseau : la capacité de la station centrale se trouve donc augmentée par ce fait et les frais de premier établissement diminués suivant une proportion variable. Enfin leur rendement, toujours supérieur à celui fourni par les moteurs asynchrones, réduit notablement les frais d'exploitation.

L'alternomoteur synchrone fonctionne avec des courants polyphasés, de même qu'avec les courants alternatifs simples. Le courant fourni par la génératrice étant régulier, la vitesse angulaire du moteur est rigoureusement constante quelle que soit la charge. Elle est égale au nombre de périodes, divisé par la moitié du nombre des pôles, mais elle est réduite par la grande multipolarité résultant de la suppression des intervalles interpolaires. La charge peut être augmentée de 60 0/0 sans amener la mise hors de phase et le décrochage entre la génératrice et la réceptrice.

Cet alternomoteur, alimenté de courants diphasés ou triphasés, est à auto-excitation ; la self-induction apparente devient très grande à l'arrêt, et, au repos, le courant ne peut dépasser sa valeur normale. Il ne saurait donc s'échauffer au point de brûler et son rendement industriel atteint celui fourni par le moteur à courant continu de même puissance, bien que sa vitesse angulaire soit notablement plus réduite.

Les moteurs à champ constant alimentés de courants

polyphasés sont identiques comme construction aux
alternateurs polyphasés ; les inducteurs sont excités par
une source extérieure de courant continu. Ils peuvent
démarrer à vide en ouvrant leur circuit inducteur et en
envoyant des courants polyphasés dans l'induit. Pour
les unités de grande puissance, l'enroulement inducteur doit être sectionné, afin d'éviter les ruptures d'isolant par les hautes tensions développées. L'excitation
la plus économique pour une charge donnée est celle
pour laquelle le courant dans l'induit passe par un minimum ; en surexcitant le moteur, l'intensité augmente,
mais elle est ordinairement *décalée* sur la force électromotrice, et plus ou moins en avance sur celle-ci. Le
moteur agit comme un condensateur électrique au point
de vue du déphasage ; c'est là un avantage quand il
s'agit du transport d'une puissance considérable à
grande distance.

Terminons en disant que l'on utilise les moteurs synchrones à courants polyphasés, surtout comme partie
essentielle des groupes *moteurs-générateurs*, ou *transformateurs rotatifs*, recevant les courants d'une station
génératrice éloignée, et les transformant en courant
continu servant à l'alimentation d'un réseau de distribution entourant la sous-station. Les dynamos actionnées fournissent ainsi un potentiel constant, quelles que
soient les variations du potentiel de la ligne de transport. Ces variations se traduisent, dans le moteur synchrone, par des variations dans l'intensité du courant
et non dans leur vitesse de rotation.

### Moteurs à champ tournant asynchrones.

Les moteurs à champ tournant ont été inventés en 1888, simultanément par le professeur Ferraris et par le savant électricien américain N. Tesla. Ils sont basés sur le fait que des courants alternatifs simples, d'égale période décalés entre eux d'une fraction déterminée de période (un quart ou un tiers), produisent, en traversant des bobines convenablement disposées, un champ magnétique constant et tournant avec une vitesse angulaire égale à leur fréquence commune. Des circuits fermés, placés dans ce champ magnétique tournant, tendent à y rester immobiles ; c'est-à-dire qu'ils tournent avec le champ à une vitesse angulaire toujours inférieure à celle du synchronisme, mais qui tend vers cette valeur lorsque le couple résistant s'abaisse vers le zéro.

On peut concevoir la production des champs magnétiques rotatifs par l'expérience suivante : si l'on envoie dans deux bobines disposées perpendiculairement l'une par rapport à l'autre, deux courants décalés d'un quart de période l'un par rapport à l'autre, chaque bobine engendrera un champ magnétique perpendiculaire à son plan. Il en résultera un champ dont la direction se déplacera avec une vitesse de un tour par période. Si l'on place dans ce champ un circuit fermé, il sera le siège de courants induits qui tendront à le faire tourner en même temps que le champ. Il en sera de même, si, au lieu de courants diphasés on fait usage de courants triphasés (décalés d'un tiers de période).

Un petit appareil de démonstration construit par Ducretet permet de se rendre compte expérimentale-

ment de l'existence de ces champs magnétiques tournants. Il se compose de deux bobines disposées à angle droit, ou de trois bobines placées à 120 degrés l'une de l'autre, et entourant un petit cylindre métallique pouvant tourner sur son axe. On fait passer le courant alternatif

Fig. 19. — Appareil Ducretet pour la démonstration des champs magnétiques tournants.

simple provenant d'une machine de Rumkorff dans ces bobines, de manière, à ce que, par la self-induction développée dans chacune d'elles, il se produise un décalage d'un quart ou d'un tiers de période entre les deux ou trois portions du courant.

Le champ tournant est créé, et on en a la preuve visible en re-

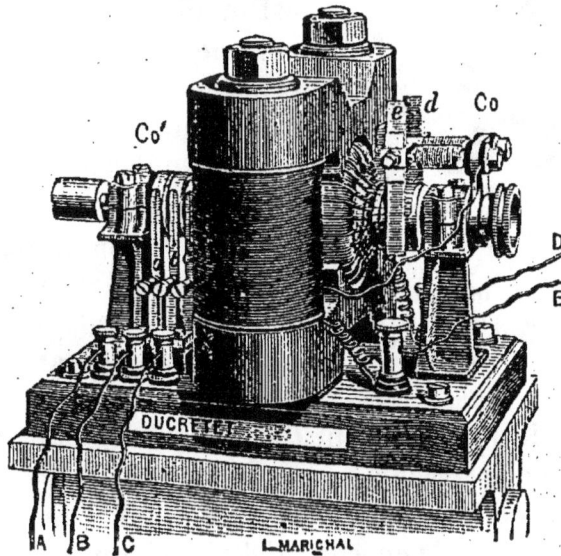

Fig. 20. — Dynamo Gramme disposée pour produire des courants triphasés.

gardant le cylindre central qui se met à le suivre, et à tourner avec une vitesse précisément égale au nombre

de périodes, ou à la fréquence du courant alternatif.

La vitesse d'un moteur asynchrone n'est pas intime-
ment liée à la pulsation du courant employé, que celui-
ci soit monophasé ou polyphasé. Quel que soit le nombre
de phases de ce courant ces moteurs sont composés de
deux parties : un inducteur recevant le courant de la
ligne, et un induit soumis à l'influence des premiers
circuits. C'est la réaction des deux courants l'un sur
l'autre qui entraîne la partie mobile, d'où, le nom de
*moteurs d'induction* donné à ce genre de machines.

Dans la plupart des modèles actuellement en service,

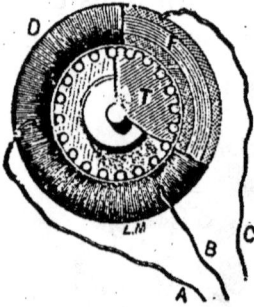

Fig. 21. — Anneau
Gramme divisé en trois
sections pour la produc-
tion des courants
triphasés.

l'inducteur est fixe et on lui donne
le nom de *stator*; c'est l'induit qui
est mobile, on le désigne sous le
nom de *rotor*. Toutefois, cette disposition peut être inverse, notamment quand il s'agit d'unités de
grande puissance. De toute manière, pour fonctionner dans les
meilleures conditions possibles de
rendement et restreindre le glissement ou décalage de phase, les
moteurs à courant alternatif de ce
genre doivent avoir leur entrefer
réduit au minimum. Cette condition ne peut être satisfaite que grâce à une extrême robustesse et une grande
précision dans l'ajustage de l'induit, qui peut présenter
la forme dite *en cage d'écureuil*, ou être recouvert d'un
bobinage.

Dans le premier cas, cet induit est constitué par une
série de spires rectangulaires, disposées suivant les plans

diamétraux d'un cylindre ou tambour. Chacune de ces spires est donc formée de quatre portions : deux suivant les génératrices opposées du cylindre magnétique, et deux autres diamé-

trales. Les premières seules sont le siège de courants induits, et si l'on veut supposer qu'elles seules présentent une résistance appréciable à la circulation de l'électricité, il est fa-

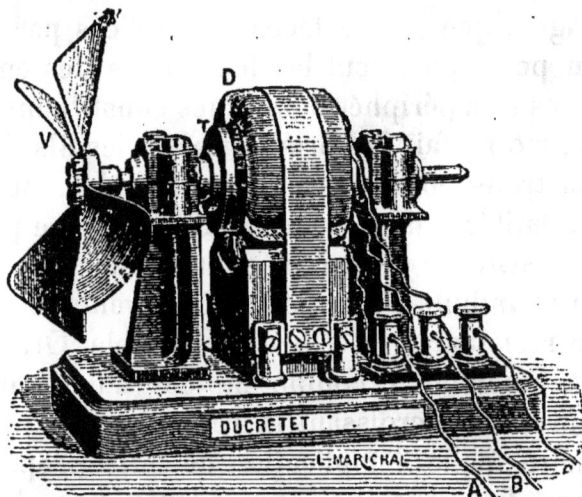

FIG. 22. — Moteur électrique de démonstration à courants triphasés actionnant un petit ventilateur à ailettes.

cile de comprendre que la chute de potentiel, d'après la loi d'Ohm, dans chacune de ces portions, compense exactement la tension due à l'induction. Dans ces conditions, les deux extrémités de chaque fil périphérique se trouvent être au même potentiel ; dès lors, si l'on réunit toutes les extrémités de ces fils situées sur une même face du tambour, il restera sur

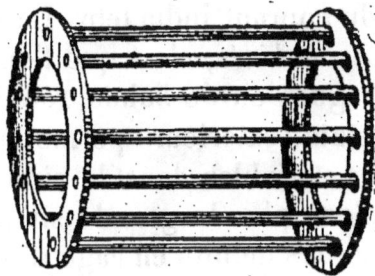

FIG. 23. — Rotor dit « en cage d'écureuil ».

l'autre face, les extrémités opposées, également à la

même tension, que l'on pourra connecter ensemble sans inconvénient.

Les divers fils d'un rotor en cage d'écureuil peuvent être posés simplement à la surface externe du tambour magnétique ; leurs faces sont reliées par deux bagues. On peut également les loger dans des encoches pratiquées à la périphérie des tôles constituant le noyau, ou, comme l'a fait M. Brown, passer les fils de cuivre dans des trous poinçonnés dans les tôles, puis souder les extrémités à deux anneaux de cuivre ne présentant pas de résistance électrique appréciable.

Ces induits possèdent donc l'avantage d'une très faible résistance, forcément invariable. Or, il est possible d'augmenter le couple moteur d'une machine de ce genre, en accroissant la résistance du rotor, et pour rendre facile l'application de cette propriété, on remplace la disposition précédente par des bobinages analogues à ceux qui recouvrent les induits des alternateurs polyphasés. La rotation est obtenue, quel que soit le nombre de circuits, et c'est ce qui permet de faire usage d'un bobinage à deux ou trois phases, puisque ce nombre n'est pas forcément lié à celui des phases du courant inducteur. Le principal avantage de ces *induits bobinés*, c'est que l'on peut, par l'intermédiaire de bagues ou de balais, réunir les enroulements à des rhéostats extérieurs permettant d'introduire des résistances variables dans le circuit. Mais alors, ces machines n'ont plus la grande simplicité faisant le principal mérite des induits en cage d'écureuil, lesquels ne comportent ni collecteur ni balais frotteurs.

Il existe un certain nombre de types de moteurs à champ alternatif. Une dynamo à courant continu, tra-

versée par un courant alternatif fonctionne en moteur
asynchrone à courant alternatif, mais avec un faible
facteur de puissance à cause de la self-induction des
circuits. Ses inducteurs doivent être feuilletés afin de
réduire les pertes par l'influence des courants de Foucault. On ne
fait toutefois
usage que de
petits modè-
les de ce gen-
re, pour ven-
tilateurs et
ascenseurs,
et qui com-
portent alors
un collecteur
avec enroule-
ments fixes
sur cet induit
et fermés sur
eux-mêmes,
de façon à
créer un flux

Fig. 24. — Stator de moteur asynchrone.

parallèle à celui de l'induit. Tel est l'agencement des
moteurs construits par le Creusot, et dont la puissance
peut atteindre 1500 watts.

Pour donner pleine et entière satisfaction, il est
nécessaire qu'un moteur électrique présente certaines
conditions répondant aux diverses nécessités du travail. Il doit être simple et robuste, facile à inspecter
et à nettoyer, d'un poids restreint pour le travail à
effectuer ; il ne faut pas qu'il s'échauffe outre mesure

pendant le travail, bien qu'il doive être capable de supporter sans inconvénient une surcharge accidentelle très forte. Enfin il doit pouvoir tourner à des vitesses très différentes, tout en conservant un bon rendement et tourner indifféremment dans un sens ou dans l'autre. Or, ces divers desiderata peuvent être plus facilement atteints avec un moteur à courants alternatifs polyphasés qu'avec un moteur à courant continu. Ce dernier ne peut, en effet, supporter une forte surcharge momentanée sans que de nombreuses étincelles ne se produisent aux balais, et il ne peut pas fonctionner à la fois à vitesse constante quelle que soit la charge, ou à vitesses très variables.

Son rendement est peu élevé à faible charge. Les moteurs asynchrones à rotor en cage d'écureuil, sont, eux, simples et robustes comme construction. Les courants traversant leur induit sont toujours de tension restreinte ; le circuit extérieur est relié à des bornes fixes disposées sur l'inducteur. La grande solidité de l'induit permet de charger brusquement le moteur ou supprimer d'un seul coup la charge sans amener aucune détérioration des pièces ni même d'échauffement. On peut donc abandonner ces machines à elles-mêmes sans surveillance, ce qui n'est pas possible avec les moteurs à courant continu ou à courants alternatifs synchrones.

Dans les petits modèles construits par les ateliers Fabius Henrion, la mise en marche est obtenue à l'aide d'un interrupteur à deux directions ; la première a pour effet d'enclencher une phase auxiliaire et une bobine de self-induction que l'on met ensuite hors circuit en plaçant la manette sur la deuxième direction dès que la vitesse normale est atteinte. Les types de grande puis-

sance sont mis en route par le même procédé; on intercale en même temps dans le circuit bobiné du rotor
une résistance additionnelle que l'on retire une fois le
démarrage obtenu.

Les moteurs à courants polyphasés ont une résistance
spécifique très élevée puisque la charge maximum n'est
plus indiquée par les étincelles au collecteur. Cette puissance spécifique atteint couramment 30 à 35 kilos par
cheval et peut même aller jusqu'à 40 et même 50 kilogrammes dans les unités de grande puissance.

Au point de vue purement électrique les moteurs asynchrones sont également très remarquables. Leur échauffement est insignifiant parce que la chaleur n'est pas
localisée et que la ventilation peut se faire aisément.
C'est aussi pour cette raison que les moteurs polyphasés peuvent supporter des surcharges considérables qui
ne sont limitées que par le couple statique maximum
développé au moment du démarrage. Ce couple présente quelquefois une valeur très élevée et peut atteindre
quatre ou cinq fois la valeur normale du couple en pleine
vitesse. Sous l'action d'un couple énergique, le sens de
rotation d'un semblable moteur peut être renversé en
10 ou 15 secondes.

*Démarrage des moteurs asynchrones à courants alter-
natifs monophasés.* — Le couple moteur des réceptrices
à induit en cage d'écureuil est nul pour une vitesse
angulaire nulle. Le démarrage ne peut s'obtenir que
sur le moteur à vide, et en recourant à divers artifices.
Lorsque le moteur est de faible puissance, il suffit d'imprimer à l'axe une impulsion initiale, par exemple en
tirant sur la courroie de transmission dans le sens voulu
pour obtenir le lancé indispensable. Pour les modèles

un peu plus forts, on dispose souvent un second enroulement sur l'induit et on fait traverser cet enroulement
par un courant alternatif décalé par rapport au premier.
Le champ tournant résultant de la réaction des deux
enroulements produit un couple suffisant pour assurer
le démarrage à vide. Le décalage ou déphasage dans le

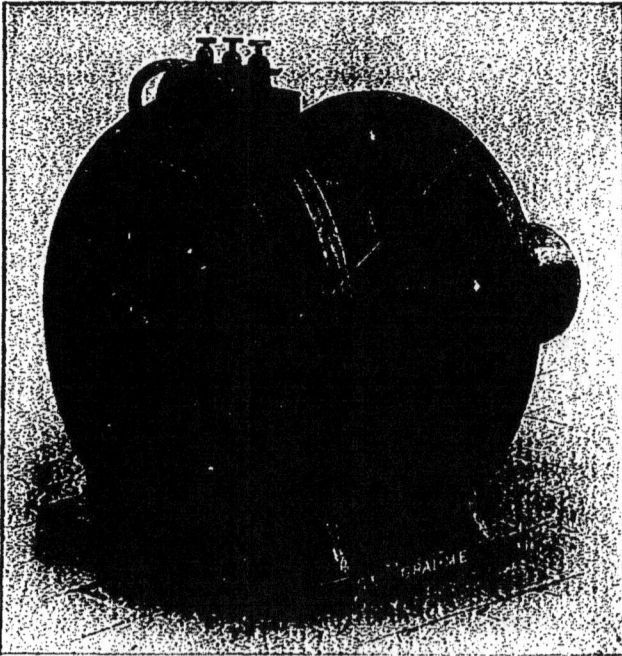

Fig. 25. — Moteur asynchrone à courant alternatif simple.

second circuit est réalisé en modifiant sa constante de
temps par une résistance, une self-induction ou une
capacité électrostatique ou voltaïque, mais les couples
de démarrage ainsi obtenus sont faibles, aussi ces
moteurs doivent-ils être pourvus d'une poulie folle.

Le moteur construit par la maison Breguet comprend

un stator partagé en deux parties montées sur un bâti
commun; l'une est fixe, l'autre peut tourner autour de
son axe, soit par un levier soit par un volant actionnant
une vis de commande ; des câbles souples relient les
deux enroulements. Le rotor est en forme de cage d'écureuil et ses barres-sont toutes reliées ensemble en leur
milieu au moyen d'une frette en ferro-nickel ou en mail-
lechort, alliages présentant comme on sait une haute
résistance électrique.

Dans le cas où les deux stators sont placés l'un devant
l'autre dans la même position réciproque, les deux courants induits dans les deux moitiés d'un même barreau
de la cage sont concordants et s'ajoutent; la frette ne
joue aucun rôle. Mais si l'on décale les deux parties
inductrices, de manière que la polarité des deux points
en regard soit opposée, des courants de sens contrai-
res sont induits dans les deux moitiés de cette tige
considérée, et ces courants doivent se fermer sur eux-
mêmes au moyen de la bague supplémentaire qui inter-
pose alors sa résistance. C'est dans cette position que le
démarrage se produit ; dès que la machine tourne, on
supprime le décalage, et la cage fonctionne suivant le
principe ordinaire. Cette disposition, combinée par
M. Boucherot, est très rationnelle. L'intensité de courant
prise à la ligne amenant l'énergie est proportionnée à
la valeur du couple de démarrage, et on peut associer
l'interrupteur de courant avec le levier ou le volant qui
commande le déplacement. En poussant ce levier de sa
position de repos jusqu'à moitié de sa course, on assure
le décalage et la fermeture du courant (position de démarrage) ; si on continue à le pousser ensuite jusqu'à fond
de course, le courant persiste et le déplacement angu-

laire des deux demi-stators est annulé (position de marche). Enfin le retour en arrière jusqu'à la position de repos, coupe le courant et donne l'arrêt du moteur.

Il existe encore d'autres procédés pour atteindre le résultat cherché. Ainsi, M. Heyland a proposé deux enroulements de constantes de temps différentes, montés en dérivation pour le démarrage et en tension pour la marche normale. M. Steinmetz emploie un second circuit disposé obliquement à 60° sur l'inducteur et relié à un condensateur. Ce circuit induit, par les courants alternatifs simples de l'inducteur, développe un champ tournant qui permet le démarrage à vide. Enfin, pour les fortes unités, M. Ricardo Arno introduit dans le circuit une résistance telle que, pour une faible vitesse angulaire initiale, le couple moteur est maximum ; l'impulsion primitive n'est pas supprimée, mais elle peut être assez faible.

*Démarrage des moteurs asynchrones à courants polyphasés.* — Le couple des moteurs à courants polyphasés est très faible au moment du démarrage, tandis que l'intensité dans le circuit inducteur est très grande, l'appareil se comportant comme un transformateur à circuit induit, fermé sur lui-même en court-circuit. Pour que la vitesse normale soit rapidement atteinte au démarrage, il faut que le couple moteur soit près de deux fois supérieur au couple normal. Si l'on veut avoir un démarrage rapide sans intensité excessive de courant, il faut, ou bien avoir un dispositif de débrayage des appareils commandés, ce qui est un pis-aller, ou bien faire usage de résistances que l'on intercale dans le circuit induit, ce qui nécessite alors un bobinage, des bagues et des frotteurs.

Afin d'arriver au résultat cherché, M. Boucherot a proposé de réunir dans un même induit plusieurs enroulements de qualités différentes produisant une variation du couple inverse de celle de la vitesse angulaire. Cet induit comporte deux cages d'écureuil dont l'une a une résistance élevée et une self-induction aussi faible que possible, tandis que l'autre a une faible résistance et une self-induction assez grande. On peut faire varier la vitesse par l'introduction de résistances dans les circuits primaires, et on obtient par ce procédé un couple de démarrage double du couple normal avec un courant deux fois et demie plus intense que le courant normal.

Pour des moteurs soumis à des démarrages fréquents, tels que ceux qui servent à commander des grues, cabestans ou ascenseurs, M. Fischer Hinnen a indiqué un autre procédé qui consiste à remplacer les résistances extérieures à rhéostats par trois résistances inductives spéciales montées en étoile sur les trois bagues de l'induit. Chacune de ces résistances est formée d'une résistance non inductive dont la valeur est celle qui correspond au démarrage à l'arrêt, shuntée par une résistance plus faible et très inductive. A la mise en route, la résistance ohmique agit seule, la résistance inductive offrant une impédance élevée qui diminue à mesure que la vitesse de rotation de l'induit augmente. A la vitesse normale, à cause de la faible fréquence des courants, c'est la faible résistance de l'enroulement inductif qui met pratiquement l'induit en court circuit. Pendant la période d'accélération, les actions physiques règlent automatiquement les résistances apparentes de l'ensemble. On supprime ainsi les rhéostats de manœuvre, les fils auxiliaires qu'ils exigent, et même les bagues. Le facteur de puissance du moteur est un peu diminué, en même temps que le glissement se trouve augmenté, mais cela n'a pas grande importance pour un travail intermittent avec arrêts fréquents.

La *Société Alsacienne de constructions mécaniques* a établi un type de moteur à induit bobiné et à bagues, pour des puissances jusqu'à 50 chevaux, et dans lequel, tant que le couple au démarrage ne dépasse pas les trois quarts du couple normal, il est fait usage d'un *coupleur* manœuvré à la main ou automatiquement. Le rotor est alors bobiné de telle sorte que les forces électromotrices d'induction qui se produisent dans chacune des sections de l'enroulement soient de sens contraire. Étant donc donné que les nombres de spires sont inégaux, il se produit une force électromotrice résultante qui assure le démarrage, et dès que la machine est en marche normale, le coupleur met simultanément toutes les sections en court-circuit. L'appareil à main consiste en un simple levier ; le dispositif automatique est une sorte de régulateur à force centrifuge qui agit comme le levier lorsque la vitesse a atteint un chiffre déterminé d'avance.

Les moteurs asynchrones construits par les ateliers d'Oerlikon ne possèdent ni coupleur ni rhéostat, sauf pour les petits modèles au-dessous de 20 chevaux. Jusqu'à ce chiffre, l'appareil continue de fonctionner, après le démarrage, avec ses bagues et ses frotteurs, mais pour des unités plus importantes, il existe un levier qui permet de soulever les balais, et un autre mettant les spires en court-circuit. Cette même disposition est appliquée dans les moteurs destinés à fonctionner sous de hautes tensions ; il faut d'ailleurs considérer que ces manœuvres de mise en train portent sur l'induit qui est toujours traversé par des courants de basse tension.

*Comparaison entre les divers systèmes de moteurs électriques.* — Si nous voulons comparer entre eux les divers systèmes de moteurs électriques, nous arriverons aux conclusions suivantes, d'abord en ce qui concerne les moteurs asynchrones monophasés ou polyphasés.

Le démarrage à vide est facile avec les courants à plusieurs phases, tandis qu'il faut recourir à divers artifices pour obtenir la mise en marche d'un moteur monophasé. Ceux-là supportent sans inconvénient des surcharges momentanées considérables, tandis que les monophasé ne s'y prête pas : sa charge normale suffit même à amener parfois le décrochage si on l'applique trop brusquement.

En intercalant des résistances dans l'induit, on peut régler la vitesse d'un moteur à champ tournant.

Le rendement est plus favorable avec les courants polyphasés. Le facteur de puissance est surtout beaucoup plus élevé pour eux que pour ceux à courants alternatifs simples.

Il résulte de ces considérations que tous les avantages sont pour les courants polyphasés, c'est-à-dire à champ tournant. Si l'on veut maintenant mettre ces moteurs en comparaison avec ceux utilisant le courant continu, on verra d'abord que, si ces derniers présentent l'avantage de pouvoir charger les batteries d'accumulateurs, ils ne se prêtent pas à la transformation, ce qui les empêche de profiter de l'économie qu'on réalise par l'usage des hautes tensions pour le transport de l'énergie à grande distance.

Une installation est moins coûteuse à réaliser avec les courants triphasés qu'avec le courant continu, si l'on considère le prix des génératrices et des réceptrices.; la dépense d'entretien d'un moteur asynchrone est beaucoup moins élevée que celle nécessitée par un moteur à collecteur sujet à l'usure et qui peut être rapidement mis hors d'usage si la machine est soumise à des variations brusques de courant.

Jusqu'à 20 chevaux de force, un moteur triphasé n'a aucunement besoin du rhéostat de démarrage, indispensable pour le courant continu. Les réceptrices de courants polyphasés résistent beaucoup mieux aux renversements brutaux de courant que les autres, et elles fonctionnent sous des tensions très élevées sans inconvénients. Enfin leur rendement est un peu supérieur (de 2 à 3 0/0) à celui des moteurs continus.

L'avantage est donc très nettement aux courants polyphasés, et particulièrement aux courants triphasés, pour les transmissions d'énergie, et ce sont eux que l'on emploie de plus en plus aujourd'hui.

# CHAPITRE IV

## LES TRANSFORMATEURS

Il n'est pas toujours possible, en raison d'une foule de circonstances locales, d'utiliser l'électricité telle qu'elle est produite par la station centrale génératrice. Les appareils d'utilisation peuvent ne pas se prêter à la consommation du courant fabriqué par l'usine, et il est nécessaire de modifier les constantes de ce courant pour le rendre applicable aux divers travaux que l'on a en vue. C'est pourquoi, il faut recourir fréquemment aux services d'appareils particuliers, dénommés *transformateurs* qui ont justement pour but de changer, d'intervertir, de transformer, en un mot, les conditions d'intensité et de tension des courants.

Dans le but de permettre au lecteur de bien comprendre le fonctionnement des nombreux appareils rangés dans cette catégorie et connus sous le terme générique de transformateurs, nous devons dire tout de suite que l'on peut en considérer deux classes bien distinctes, suivant qu'ils permettent de différer le temps de l'utilisation du courant de celui de sa réception, ou que le changement est opéré immédiatement. Les premiers sont plutôt désignés sous le nom d'*accumulateurs électriques,* les autres sont les véritables *transformateurs,* don il existe encore deux genres, suivant qu'ils comportent ou non des organes mobiles. Lorsque l'appareil fonctionne simplement d'après les lois de l'induction, on lui donne le nom de *transformateur statique ;* autrement c'est un *transformateur tournant.*

On a encore adopté une autre classification pour ces appareils, suivant qu'ils sont appelés ou non à changer la forme des courants. C'est ainsi que l'on distingue les transformateurs *homomorphiques* et les transformateurs *polymorphiques,* les premiers ne faisant que changer les constantes de tension et d'intensité du courant les traversant, tandis que les autres reçoivent un courant primaire de forme déterminée et rendent un courant secondaire de forme différente, dont les constantes sont également différentes de l'autre. En d'autres termes, les transformateurs homomorphiques alimentés de courant continu débitent du courant continu, ou des courants alternatifs s'ils reçoivent des courants de ce genre, et les transformateurs polymorphiques rendent du courant continu s'ils reçoivent des courants alternatifs simples ou polyphasés, ou inversement. On voit donc la différence, et nous reviendrons d'ailleurs en détail sur ces principes un peu plus loin dans le cours de ce chapitre.

*Transformateurs de courant continu.* — On peut encore distinguer les transformateurs *directs* des transformateurs *indirects.* Les premiers se composent d'une carcasse d'induit de dynamo, entourée de deux enroulements distincts, le premier recevant le courant à transformer, le second produisant par induction le courant transformé. Les tensions respectives, ou forces électromotrices sont en raison directe du rapport des nombres de spires de fil existant dans chaque enroulement. Dans un semblable dispositif, la réaction d'induit est nulle à toutes les charges ; la vitesse angulaire est considérable, ce qui restreint les dimensions de l'appareil pour une puissance donnée et le rend économique. Il n'y a pas de décalage des balais, pas de production d'étincelles, et le rendement atteint 92 0/0 à pleine charge. Le seul inconvénient réside dans le voisinage des enroulements inducteurs et induits, qui exige un isolement parfait entre les couches de fils, surtout si l'un des enroulements est à haute tension. Le réglage de la tension secondaire est fonction de celui de la tension primaire.

Ce procédé de transformation des constantes d'un courant continu est toutefois peu usité ; on préfère souvent agir par méthode indirecte et disposer un groupe moteur électrique shunt, série ou compound, actionnant une dynamo génératrice shunt, série ou compound. C'est ainsi que les machines appelées *survolteurs* (en anglais *boosters*), sont des dynamos excitées en série et actionnées par des moteurs shunt à vitesse constante. La force électromotrice augmente avec le débit en vue de compenser automatiquement les pertes dans la ligne. Les machines dites *compensatrices égalisatrices, régulatrices,* sont des dynamos dont l'induit agit indifféremment comme organe moteur ou générateur, dès que la différence de potentiel entre ses bornes tend à être plus grande ou plus petite que la valeur normale. On les utilise sur les réseaux de distribution de courant continu à plusieurs fils pour maintenir la constance et l'égalité de voltage entre les différents *ponts* du réseau.

*Transformateurs de courant alternatif.* — Ce sont les

plus importants au point de vue industriel, car ce sont eux qui ont fourni le moyen pratique d'envoyer à grande distance et économiquement l'énergie produite par les puissances naturelles, et, au point d'arrivée, de ramener les constantes du courant au chiffre normal réclamé pour le fonctionnement des appareils d'éclairage. Ils ont donc permis de réaliser pratiquement le transport de l'énergie qui était reconnu comme ruineux avec le

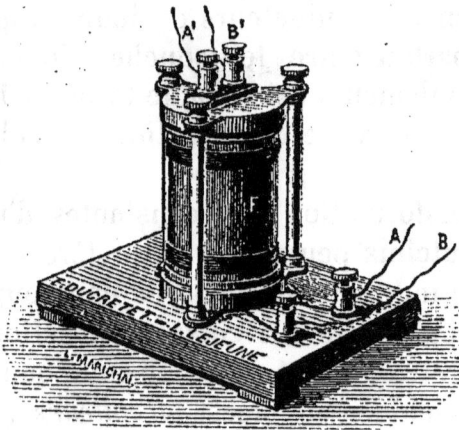

FIG. 26. — Petit transformateur    FIG. 27. — Coupe.
de démonstration.

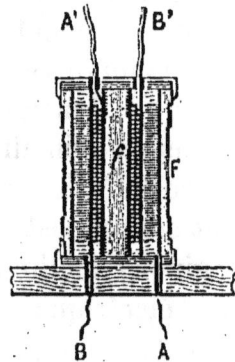

courant continu dès que l'on voulait dépasser une médiocre distance de l'usine génératrice, et à ce titre nous leur devons consacrer quelques paragraphes.

Le principe du *transformateur homomorphique statique*, de courants alternatifs *monophasés*, (nous sommes bien obligé de nous servir de cette suite de termes barbares pour désigner exactement le genre d'appareils dont il va être question), est le même que celui sur lequel est basé un instrument scientifique connu de tout le monde: la bobine de Ruhmkorff, qui sert à tant d'applications diverses, chaque fois que l'on a besoin de courants alternatifs simples de haute tension. Deux enroulements distincts : l'un de gros fil l'autre de fil fin, entourent un même circuit magnétique ; dans l'un circule le courant que l'on veut transformer, et dans l'autre se produit, par induction, le courant à employer, avec ses nouvelles propriétés.

Toutefois les conditions, dans les transformateurs industriels, sont ordinairement opposées ou du moins inverses de ce qu'elles sont dans la bobine de Ruhmkorff. Dans celle-ci, en effet, le circuit inducteur est parcouru par un courant de grande intensité mais de faible tension, par exemple 4 ou 5 ampères de débit sous 2 à 20 volts, et l'on recueille à l'extrémité du circuit induit un courant de haute tension, 10 à 20.000 volts et même davantage, mais avec une intensité de quelques milliampères seulement. C'est identiquement la même chose pour les transformateurs principaux d'une usine génératrice : le courant est produit sous une tension modérée par les alternateurs, mais son intensité est considérable. A sa sortie de l'enroulement induit, le voltage du courant est énormément amplifié mais aux dépens de l'intensité. Au point d'arrivée et d'utilisation de l'électricité amenée par la ligne, la disposition est inverse. Le courant à haute tension arrivant dans l'appareil, induit à son tour un courant de tension modérée mais d'intensité plus élevée. Et si, pour nous faire mieux comprendre, nous voulons donner un exemple numérique, nous dirons qu'en supposant qu'il s'agisse de transporter une puissance de 100 chevaux par cette méthode de double transformation, on pourra prendre à l'usine génératrice un alternateur débitant 150 am-

pères sous le potentiel de 500 volts. Le transformateur
de départ porte ce potentiel à 10.000 volts en abaissant
l'intensité à 7,5 ampères. Le transformateur de l'arrivée
reçoit ce courant de 10.000 volts et le ramène à 220 pour
le distribuer par le système dit *à trois fils*, mais l'intensité remonte à 300 ampères environ. Il est facile de
se rendre compte que, du départ à l'arrivée, de l'usine
génératrice au centre de distribution, la quantité totale
de puissance n'a pas varié, sauf en ce qui concerne la
diminution due au rendement des divers appareils.
Ainsi, 100 chevaux valent 75 kilowatts; 150 amp.
× 500 v. = 75 kw ; 7,5 amp. × 10.000 v. = 75 kw. et
220 v. × 300 amp. = 66 kilowatts. C'est toujours la
même puissance totale, mais sous des potentiels (ou
voltages) différents.

Le circuit secondaire d'un transformateur étant non
inductif, comme c'est le cas lorsqu'il s'agit d'une distribution de lumière pour lampes à incandescence,
l'intensité dans ce circuit est à chaque instant proportionnelle à la force électromotrice du courant circulant
dans le circuit primaire, et, si celle-ci est sinusoïdale,
comme cela se produit avec le courant alternatif, le
courant secondaire est de même forme. Le rapport qui
existe entre ces chiffres est appelé *rapport de transformation* ; c'est celui existant entre le nombre de spires
dont se compose chaque enroulement, il peut s'expri-
mer par la relation suivante :

Tension secondaire = Tension primaire × Rapport
de transformation.

On peut tirer de cette relation une conséquence non
sans importance: si l'on établit entre les bornes du
primaire une tension alternative dont le maximum est

constant, on recueillera une tension secondaire de maximum également invariable.

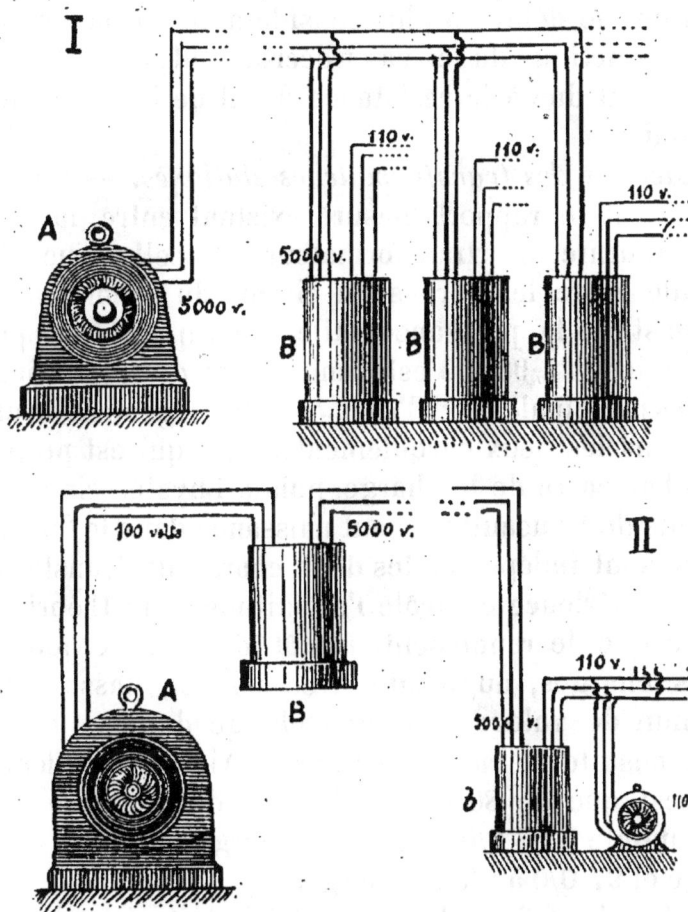

FIG. 28 et 29. — Schéma de transport de force par l'électricité. A, génératrice. B, transformateurs primaires de départ, b transformateur secondaire d'arrivée. II, avec transformateurs au départ et à l'arrivée.

Cette proposition n'est cependant qu'approximative, car en réalité, si le débit s'accroît, on observe une dimi-

nution de tension dépendant de trois facteurs distincts :
1° Chute de potentiel due à la résistance du fil du primaire; 2° fuites de lignes de force d'autant plus importantes que le débit est plus considérable, car la perméabilité magnétique du fer va en décroissant; enfin 3° chute
de potentiel due à la résistance du fil de l'enroulement
secondaire.

*Rendement des transformateurs statiques.* — Le rendement est le rapport mesuré existant entre la puissance fournie au transformateur et celle que l'on
recueille entre les bornes du circuit du secondaire et
qui constitue la puissance utile. Ce rapport, qui peut
s'élever jusqu'à 98 0/0 est diminué par diverses causes
dont les principales sont l'*effet Joule* (dégagement de chaleur) dans les deux enroulements, effet qui est propor-
tionnel au carré de la charge, puis à l'hystérésis et aux
courants de Foucault prenant naissance dans le fer, causes qui sont indépendantes de la charge du transformateur. L'expérience contrôle l'exactitude de la théorie, et
montre que le rendement, plutôt défectueux pour de
faibles charges, augmente avec celle-ci, passe par un
maximum de valeur pour une charge donnée, et s'a-
baisse ensuite en cas de surcharge. Ainsi ce rendement
qui n'est que de 86 0/0 au dixième de la charge normale, monte à 93 0/0 à quart de charge, 96 0/0 à demi-
charge et 97 0/0 à pleine charge.

Un bon transformateur industriel doit répondre aux
conditions suivantes:

Quand on maintient constante la différence de potentiel aux bornes du circuit primaire, la différence de potentiel aux bornes du secondaire doit également se maintenir constante, quelle que soit la charge dans ce circuit.

Le coefficient de transformation ne doit donc pas varier, on ne devrait avoir d'autres pertes d'énergie que celle occasionnée par la résistance du cuivre constituant les enroulements; en d'autres termes, les pertes dans le fer devraient être réduites à presque rien. Il ne doit pas exister de capacité électrostatique entre les deux enroulements; l'isolement doit être parfait entre ces enroulements et le fer; enfin, à circuit ouvert, il ne doit pas y avoir de courant primaire sensible.

Pour éviter les pertes de lignes de force, il est indispensable d'enrouler les deux circuits l'un sur l'autre le plus près possible et non pas les disposer séparément sur une branche différente du circuit magnétique. Le circuit primaire se place toujours le premier sur le noyau de fer, de manière à ce que le secondaire puisse embrasser tout le flux produit. Les courants de Foucault sont peu à redouter quand on fait usage, pour la

Fig. 30. — Transformateur monophasé.

construction du transformateur, de tôles très minces (de 2 à 3 dixièmes de millimètre d'épaisseur). L'hystérésis est moins facile à combattre ; cependant en proportionnant convenablement l'importance de la self-induction, on peut, pour les fréquences utilisées dans la pratique, réduire le courant primaire à vide à 5 ou 3 0/0 de sa valeur à pleine charge. Pour augmenter le rendement économique d'un transformateur, on peut recourir à l'un des trois moyens suivants: ou bien diminuer la fréquence, réduire l'induction spécifique, ou encore restreindre l'emploi du fer dans le noyau, mais chacun de ces moyens conduit à augmenter la quantité de cuivre entrant dans la composition des enroulements. C'est pourquoi, si l'on veut avoir une distribution économique, il est préférable de placer les transformateurs secondaires dans des sous-stations, où un électricien de service proportionne le nombre d'appareils à mettre en circuit suivant la demande de courant, et de façon à faire constamment travailler à pleine charge chacun d'eux.

*Isolement des circuits*. — Il peut arriver que l'isolement des transformateurs cède sous l'action du haut potentiel auquel ils sont soumis ; c'est pourquoi il est nécessaire d'apporter les plus grands soins dans leur établissement. On emploie comme substance isolante la fibre, la porcelaine, la toile à la gomme-laque, et pour plus de sûreté, on plonge l'appareil dans une huile lourde ou résineuse, aussi exempte d'eau et d'acide et peu inflammable que possible. Ce corps permet de parer dans une certaine mesure, aux défauts et fissures pouvant se produire dans l'isolant. Avec la vulcanite, l'huile permet de résister à une tension de 50,000 volts.

La rupture de l'isolant séparant les enroulements d'un transformateur suit fréquemment la production d'un effluve qui dégénère rapidement en un petit arc voltaïque qui met bientôt l'appareil hors d'usage.

On mesure la valeur de l'isolement en vérifiant la résistance électrique existant d'abord entre les enroulements primaire et secondaire, puis entre le circuit
primaire et la masse du transformateur, et enfin entre
celle-ci et le circuit secondaire. Elle doit atteindre
plusieurs milliers de megohms; il faut, pour effectuer
ces mesures, une source d'électricité donnant une différence de potentiel d'au moins 600 à 800 volts aux bornes du transformateur. Une dernière vérification de
l'isolement des enroulements entre eux est effectuée en
montant sur l'alternateur une borne du secondaire et
une borne du primaire et en intercalant un galvanomètre dans ce circuit : un défaut d'isolement sera
accusé par une déviation de l'aiguille du galvanomètre.

Il faut éviter, dans la construction des transformateurs, toute communication de l'enroulement primaire
avec le secondaire; cependant il peut se produire à la
longue des dérivations ou des courts-circuits entre ces
fils. Pour éviter les accidents qui pourraient résulter
d'une dégradation de ce genre, on sépare quelquefois
les deux enroulements par une feuille de cuivre que
l'on relie par un conducteur à une prise de terre. On
peut mettre aussi le noyau de l'appareil ou le circuit
secondaire en relation avec le sol par la même méthode; cependant certains électriciens redoutent que la
mise à la terre du secondaire d'un transformateur augmente les dangers d'incendie, car une deuxième prise
de terre sur le même circuit peut causer un court-
circuit. On peut supprimer tout aléa en intercalant un
parafoudre automatique, car, pour qu'un accident se
produise alors, il faut que trois conditions se trouvent

réalisées à la fois, à savoir : la mise à la terre du circuit primaire, la communication entre les deux enroulements du transformateur, et la mise en contact d'une
personne à la fois avec le secondaire et avec la terre.

Bien que l'emplacement des transformateurs varie
avec les installations, il est prudent, en principe, de
chercher à les mettre hors de la portée des personnes
qui n'ont pas à les manipuler. Ceux qui sont placés
sur la voie publique sont enfermés à l'intérieur d'une
petite construction en briques, sorte de guérite hermé-
tiquement fermée par une porte munie d'une forte
serrure dont la clé reste à l'usine. Les appareils placés
chez les abonnés sont agencés à l'intérieur d'une boîte
en fonte bien étanche que l'on place sur une console
scellée contre un mur à l'intérieur ou à l'extérieur de
la maison. On peut encore les installer à la partie supérieure de colonnes disposées le long des poteaux et
qui servent en même temps de supports aux conducteurs du réseau de distribution.

*Différents systèmes de transformateurs.* — On peut
ranger les transformateurs en deux classes principales :
ceux comportant un circuit magnétique *ouvert*, et ceux
à circuit magnétique *fermé*. Les premiers rappellent
comme dispositions générales la la *bobine de Ruhmkorff* dont nous avons parlé au début du chapitre ; ils
présentent l'inconvénient d'avoir une *réluctance* considérable et des pertes magnétiques sensibles, ce qui les
rend peu industriels. C'est cependant sous cette forme
qu'ils ont été employés au début par l'électricien français Gaulard, en 1883, mais cet agencement est à peu
près complètement abandonné maintenant, sauf par
Swinburne qui a combiné le modèle dit *transformateur*

*hérisson*, lequel a pour but de diminuer la perte se produisant dans les appareils travaillant le plus souvent sous charge réduite.

Dans ce système, un paquet de longs fils de fer isolés constitue le noyau sur lequel est enroulé d'abord le fil secondaire puis l'enroulement à fil fin partagé en plusieurs bobines. Les fils de fer qui dépassent les enroulements sont ensuite séparés les uns des autres, d'où le nom donné à ce modèle. Le rôle de ces fils divergents est de guider les lignes de force, et le rendement atteint celui des autres types de transformateurs.

Le plus souvent, le circuit magnétique est fermé, mais là encore on distingue deux catégories différentes, suivant que le circuit magnétique fermé est *simple* ou *double*. Dans la première, la carcasse est ordinairement cons-

Fig. 31. — Transformateur triphasé de la Société Gramme.

tituée par des tôles de 3 à 5 dixièmes de millimètre d'épaisseur, isolées, soit par du vernis à la gomme-laque, par du papier ou par une couche d'oxyde. D'une manière générale il y a trois manières de disposer les circuits électriques sur ce noyau. Dans la première les enroulements peuvent être superposés pour éviter les pertes de flux, comme dans la bobine de Ruhmkorff, mais la construction est assez compliquée et l'isolement parfait difficile à réaliser. Dans la deuxième, afin de permettre l'enroulement préalable des fils, on sépare complètement les deux circuits, mais cette méthode expose à des fuites magnétiques et à une perte de tension aux bornes du secondaire. Dans le troisième procédé, enfin, le circuit magnétique unique est entouré de bobines primaires et secondaires alternées. C'est l'agencement qui a été adopté par la Cⁱᵉ Ganz pour ses transformateurs : la carcasse est un anneau de tôle, rappelant l'aspect de l'anneau induit des dynamos Gramme, et sur lequel s'enroulent les deux circuits.

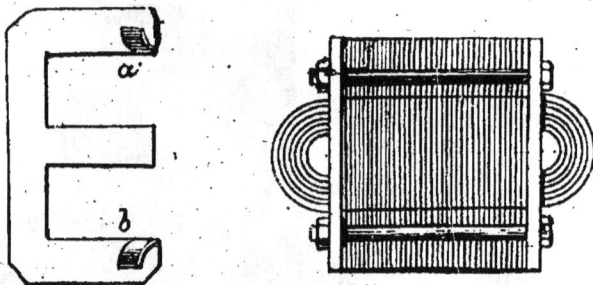

Fig. 32 et 33. — Transformateurs Westinghouse.

Dans les transformateurs à circuit magnétique double, nous rencontrons encore deux classes distinctes d'appareils différant entre eux par la situation respective des enroulements. Les premiers ont un noyau commun, et les lignes de force se bifurquent pour rejoindre les extrémités par des chemins différents. On obtient ainsi une forme dite *cuirassée*, qui présente certains avantages au point de vue des pertes dans le cuivre, mais le volume du fer étant un peu augmenté, par contre, les pertes

magnétiques se trouvent accrues. D'autre part, le refroidissement est plus difficile à obtenir. Les transformateurs Westinghouse appartiennent à ce type ; les tôles
découpées en forme d'E sont passées une par une à travers les bobines préalablement recouvertes de leurs
enroulements. Pour alterner les joints, ces lames sont
opposées, c'est-à-dire enfilées alternativement dans les
deux sens, l'une de droite à gauche et la suivante de
gauche à droite à l'intérieur des bobines. Quatre tiges
métalliques isolées de la masse permettent d'effectuer
ensuite le serrage des tôles entre deux flasques en fonte.

La deuxième disposition donnée aux enroulements
consiste à les superposer, ce qui a pour effet de diminuer
les pertes de flux magnétique. Cette disposition se ren-
contre dans un grand nombre de modèles de transformateurs, tels que celui de Ferranti entre autres, dans
lequel le noyau est en tôles primitivement planes et de
grande longueur. Ces lames, après la mise en place des
bobinages, sont repliées, les unes au-dessus des enroulements, les autres au-dessous. Le circuit magnétique
se trouve ainsi bifurqué, et l'ensemble est serré entre
deux pièces de fonte qui constituent la carcasse et le
socle de l'appareil.

Les enroulements des transformateurs Labour sont
opérés sur des bobines rectangulaires en matière isolante imprégnée à chaud de gomme-laque et de bitume
de Judée. Ces bobines sont enfilées sur le noyau feuil-
leté de tôle, l'une dans l'autre, le circuit secondaire à
l'intérieur et le circuit primaire à l'extérieur. Quand ces
bobines sont placées sur les deux branches en V de l'appareil, un tampon-cylindre, également composé de tôles
minces réunies, est emmanché à force dans l'espace cir-

culaire laissé vide dans les plaques, et il ferme ainsi le
circuit. L'appareil est ensuite monté sur un socle en
fonte ; des planchettes de bois ou des plaques de porcelaine sont disposées à la partie supérieure pour recevoir les bornes où viennent s'attacher les extrémités des
circuits. Quand ces transformateurs doivent fonctionner
à l'intérieur de
locaux fermés
et sous des
voltages infé-
rieurs à 3000
volts, ils sont
entourés d'une
enveloppe en
tôle ajourée.
S'ils sont pla-
cés à l'exté-
rieur et expo-
sés aux intem-
péries, ou

Fig. 34. — Transformateur triphasé Labour.

qu'ils doivent supporter des tensions supérieures à
celle qui vient d'être indiquée, ils sont placés dans
des récipients en fonte galvanisée, avec ailettes extérieures, récipients que l'on remplit ensuite de paraffine
fondant à 35 degrés.

*Emploi des transformateurs.* — Nous avons expliqué
en détail, dans le tome II de cette Collection quelles
étaient les méthodes appliquées pour distribuer l'énergie électrique, et montré que les deux plus usitées
étaient celle consistant à maintenir *l'intensité constante*
du courant dans tout le réseau à desservir, et celle
par laquelle on maintient le *potentiel constant*, quelles

que soient les variations dans la consommation du courant. Lorsque la distribution s'opère par voie indirecte,
les transformateurs peuvent être disposés, soit en série
pour maintenir l'intensité constante dans le réseau, soit
en dérivation, lorsque le voltage doit rester constant.
Le premier procédé, qui présente l'inconvénient de
solidariser tous les appareils en fonctions ainsi qu'un
rendement défectueux lorsque la consommation est
faible, est beaucoup moins employé que l'autre, qui
donne toute l'indépendance voulue aux lampes et aux
moteurs alimentés par la distribution. Il suffit de conserver une différence de potentiel constante entre les
fils de la ligne desservant les primaires des transformateurs d'arrivée, pour que la tension demeure invariable entre les bornes de tous les secondaires. Les
appareils d'utilisation sont alors branchés en dérivation sur ceux-ci. On peut d'ailleurs, dans ce cas comme
lorsqu'il s'agit de courant continu, faire usage de
*feeders* qui permettent de maintenir la tension constante dans le réseau primaire au moyen d'un nombre
convenable de conducteurs, ce qui permet d'augmenter
encore sensiblement l'étendue de la zone desservie.

Le réglage s'opère à la station centrale par la
manœuvre des rhéostats agissant sur le courant d'excitation des alternateurs, en se reportant aux indications
fournies par les instruments appelés *égalisateurs de
tension*, qui font connaître à chaque instant la tension
du courant aux centres de distribution et chez les
abonnés.

En ce qui concerne l'usage même des transformateurs, ceux-ci peuvent être disposés soit dans des sous-
stations, soit chez chaque abonné. La première solu-

tion est incontestablement la plus avantageuse et la plus rationnelle, car elle permet de maintenir la pleine charge de chaque unité, que l'électricien de service ajoute ou enlève du circuit suivant la demande de courant. De plus, cette disposition donne la possibilité d'établir un fil intermédiaire dans le réseau secondaire et d'avoir ainsi les avantages que procure le mode de distribution dit à trois fils.

Le système qui consiste à avoir un transformateur secondaire par abonné présente l'inconvénient qu'à toute heure de la journée, même quand cet abonné ne consomme pas, le courant principal traverse le circuit primaire, et pendant ce temps, les pertes magnétiques restent entières, ce qui diminue le rendement de l'installation. Il est donc préférable à tous les points de vue, surtout à celui de l'économie, de disposer les transformateurs dans des sous-stations, disséminées en divers points de la zone à desservir, et alimentant un groupe d'abonnés entourant cette sous-station à une faible distance tout autour.

*Transformateurs polyphasés.* — Nous avons montré, dans le précédent chapitre quelles sont les difficultés qu'il a fallu surmonter pour faire fonctionner d'une manière satisfaisante des moteurs électriques au moyen de courants alternatifs monophasés. Le problème se trouve notablement simplifié quand on emploie les courants polyphasés, lesquels permettent l'emploi de moteurs asynchrones à champ tournant dont la simplicité est si remarquable. Il est donc préférable, à tous égards, de choisir les courants polyphasés plutôt que les courants alternatifs simples lorsqu'une distribution doit alimenter à la fois des moteurs et des appareils d'éclairage.

La raison de la présence des transformateurs est la
même, d'ailleurs, qu'il s'agisse de l'une ou de l'autre
catégorie de courants, c'est-à-dire que leur but est d'intervertir, au départ et à l'arrivée de la ligne joignant
l'usine productrice au centre de distribution, les constantes d'intensité et de tension du courant sans changer sa forme.

Lorsqu'il s'agit de courants *diphasés*, on emploie deux
transformateurs de courants alternatifs simples, un sur
chaque circuit, et d'une puissance égale à la moitié de
la puissance totale à produire. Dans le cas de courants
*triphasés*, les enroulements sont ordinairement disposés
sur trois noyaux magnétiques parallèles, disposés, soit
dans le même plan, soit aux trois sommets d'un triangle équilatéral, et reliés magnétiquement par des pièces
métalliques, de façon à constituer un circuit magnétique unique. On pourrait encore, par l'extension de la
méthode pratiquée avec les courants diphasés, employer
trois transformateurs, chacun d'un tiers de la puissance
totale à débiter, mais cette solution, réalisée en Amérique est peu économique, trois petits transformateurs
étant d'un prix plus élevé et d'un rendement moindre
qu'un appareil unique.

Les transformateurs polyphasés ne diffèrent donc des
autres que par la présence d'un nombre de bobines égal
au nombre des phases du courant, les noyaux magnétiques étant réunis par une culasse commune. Pour améliorer le rendement, qui est défectueux lorsque la charge
est faible, on peut modifier la disposition des enroulements, ou tout au moins leur couplage en appliquant
un procédé indiqué par M. Kahlenberg.

Si nous considérons un transformateur à courants

alternatifs simples, dont les deux enroulements, primaire et secondaire, sont constitués chacun par deux bobines égales couplées en dérivation pendant la pleine charge et en tension pendant la faible charge afin de conserver le même rapport de transformation. Le couplage en tension réduit l'induction de moitié, ainsi que les pertes par hystérésis, sans augmenter celles dues à l'effet Joule, et il en résulte finalement une sérieuse économie d'énergie. Il peut en être de même avec les courants triphasés, sans rien modifier aux enroulements que leur couplage, en mettant simplement à profit cette remarque que pour une même différence de potentiel entre les extrémités de deux fils primaires d'un transformateur à courants triphasés, le couplage *en triangle* fournit une tension de 70 0/0 plus élevée que celle obtenue avec le couplage *en étoile*, le rapport des courants induits se trouvant dans le même rapport, mais bien entendu inverse. Il suffit donc de faire usage du couplage en étoile pour les faibles charges, et l'autre pour les charges maxima, le changement étant opéré simultanément dans les deux enroulements primaire et secondaire, afin de conserver les rapports de tension. Le couplage en série aux faibles charges réduit l'induction, et, par suite, les pertes dans le fer, ce qui conduit, en définitive, à une moindre perte d'énergie dans les circuits.

Parmi les meilleurs modèles de transformateurs à courants triphasés, nous devrons encore citer ceux de M. Labour, construits par la Société l'*Eclairage Electrique*, et dont il existe une série pour des puissances allant jusqu'à 350 kilowatts, fonctionnant sous des potentiels de 5.000 à 50.000 volts. Dans les types de puissance restreinte, les tôles affectent la forme de deux U accolés, avec une branche commune au centre ; les enroulements primaire et secondaire sont fixés sur chacun de ces noyaux, et deux tampons en tôles feuilletées, mis en place à force, ferment les circuits magnétiques. Pour les types de 50 kilowatts et au-dessus, les noyaux sont disposés en triangle autour de noyaux lamellés ; cette disposition permet l'installation facile des appareils dans des kiosques sur la voie publique ; le rendement de ces appareils est de 94 0/0 à quart de charge, 96 à demi-charge, et 97 à charge complète.

La société Gramme construit également des transformateurs pour courants monophasés et polyphasés, depuis 1 jusqu'à 100 kilowatts, et dont le poids va de 70 à 2400 kilogs, suivant la puissance développée. Le rendement est le même qu'avec les précédents. Les ateliers d'Oerlikon ont aussi établi deux de ces appareils : les transformateurs *principaux* et les transformateurs *de distribution*, servant, les premiers, à élever le potentiel du courant fourni par l'alternateur dans le cas d'un transport à très grande distance et sous tension très élevée, et les autres à réduire, à l'endroit d'arrivée où aboutit la ligne de transport, le potentiel, et le ramener au chiffre normal exigé pour l'alimentation des appareils d'utilisation. Les modèles à courants triphasés sont composés de trois noyaux en feuillard doux, réunis en haut et en bas par des anneaux également formés de même métal. Les bobines de haute et de basse tension sont emmanchées à force sur les noyaux de fer doux, et reposent, à la partie inférieure, sur une plaque en matière isolante. En soulevant le couvercle auquel se trouve fixé l'anneau supérieur, on peut opérer, le cas échéant, le remplacement d'une des bobines détériorée. L'isolement des enroulements entre eux et entre les noyaux de fer doux est l'objet des plus grands soins, et, en fait, il est excellent.

En résumé, les transformateurs de courants polyphasés, di ou triphasés, sont identiques à ceux permettant de faire varier le voltage des courants alternatifs simples et qui ont été décrits dans les pages précédentes, sauf que leurs enroulements comportent trois bobines au lieu de deux. Les enroulements, dans la plupart des modèles actuellement en service, sont

FIG. 35. — Transformateur Gramme.

superposés : le gros fil qui reçoit le courant primaire se trouvant à l'intérieur. Le coefficient de transformation est ordinairement de 1 à 50, mais il peut être notablement surélevé le cas échéant, lorsqu'il s'agit de transport à très grande distance.

*Transformateurs polymorphiques.* — On désigne sous ce nom les appareils ayant pour but, non seulement de modifier les constantes d'un courant, mais encore la *forme* de ce courant, et on les classe en deux catégories suivant qu'il s'agit de transformer des courants alternatifs simples ou polyphasés en courant continu, ou de changer les phases d'un courant polyphasé. Les premiers sont connus sous le nom de *transformateurs tournants*, *convertisseurs* ou *commutatrices*, nous en avons déjà parlé dans le deuxième volume de cette Bibliothèque d'électricité ; les autres sont plutôt dits *transformateurs de phases* ou *polyphaseurs*. Ils exécutent, par des actions combinées de self-induction et de capacité toutes les transformations possibles

Fig. 36. — Génératrice polymorphique de 50 kilowatts Gramme.

des courants alternatifs simples ou polyphasés entre eux. Ils ne comportent aucun organe mobile et sont basés sur des déphasages produits par des bobines de self-induction et des condensateurs traversés par les courants à transformer, tandis que les transformateurs tournants comportent, eux, des organes mobiles, la commutation des courants étant obligatoire.

Quand la transformation est *indirecte* et s'opère à l'aide d'un travail mécanique, l'appareil est un *moteur-*

*générateur* : c'est alors un moteur à courant alternatif synchrone ou asynchrone accouplé à une dynamo ; lorsqu'elle est *directe*, le courant à transformer et le courant transformé traversant le même enroulement, l'appareil est un *convertisseur* ou une *commutatrice*. Ce genre de transformateur se compose d'un inducteur bipolaire ou multipolaire et d'un induit en anneau ou en tambour, comme dans les dynamos à courant continu, mais ce qui le distingue de ces dernières, c'est la présence, d'un côté, d'un collecteur à lames avec balais, et de l'autre de prises de courant formées de bagues sur lesquelles appuient des frotteurs. Le circuit recevant du courant continu fournira des courants alternatifs simples entre deux bagues reliées à deux points diamétralement opposés de l'anneau, des courants *triphasés* entre trois bagues reliées à trois points situés à 120° l'un de l'autre sur l'enroulement, des courants *diphasés* entre quatre bagues reliées à quatre points à 90° et enfin des courants *à six phases* entre six bagues reliées à six points à 60° les uns des autres. On pourra, bien entendu, obtenir, avec les mêmes machines, des effets inverses et recueillir du courant continu en faisant traverser les enroulements par des courants alternatifs simples, ou à trois, quatre ou six phases.

Le rapport des tensions efficaces du courant polyphasé et du courant continu reste constant pour un appareil donné et indépendant de l'excitation dont la variation agit seulement sur le facteur de puissance. Pour faire varier la tension aux balais, il faut avoir recours à un transformateur à rapport de transformation variable ou à une bobine de self-induction intercalée dans le circuit alternatif entre le transformateur et le convertisseur. Dans ce dernier cas, il suffit d'augmenter ou de diminuer l'excitation pour que les réactions exercées dans le circuit alternatif accroissent la tension dans le réseau, et par suite celle produite entre les balais du convertisseur. Une réduction de l'excitation produira l'effet inverse.

En intercalant une bobine de self-induction sur les courants alternatifs, le convertisseur peut être compoundé et même hypercompoundé comme une dynamo à courant continu ordinaire, mais la compensation s'opère en dehors du convertisseur.

Les convertisseurs à courants alternatifs simples ne démarrent pas d'eux-mêmes, et ils doivent être mis en marche en utilisant du courant continu. Les courants polyphasés peuvent démarrer un circuit induit *ouvert* par l'influence de l'hystérésis des inducteurs et des courants de Foucault prenant naissance dans les pièces massives de ces organes. La tension est alternative tant que le synchronisme n'est pas atteint, et la fréquence est égale au glissement, ce que met en évidence une lampe-témoin branchée en dérivation sur les balais. Quand le synchronisme est atteint, on ferme le circuit de l'excitation et celui de l'utilisation. Toutefois ce procédé de démarrage exige des courants intenses qui influencent fâcheusement le réseau et amènent une élévation exagérée du potentiel dans le circuit inducteur au moment de la mise en route. Il est donc préférable de faire démarrer les transformateurs rotatifs à l'aide d'un courant continu emprunté à une autre dynamo ou à une batterie d'accumulateurs, et à ne faire le couplage qu'une fois le synchronisme obtenu. La polarité n'est pas définie par le sens de la rotation et peut changer à chaque mise en train si l'on n'a pas pris de précautions spéciales : il faut donc la vérifier ou déterminer le sens à l'aide du courant d'une source locale.

*Polyphaseurs.* — Ces appareils ont pour but, ainsi que nous l'avons dit plus haut, de transformer les courants polyphasés en changeant leur forme ou le nombre des phases. Ils sont basés sur des phénomènes de self-induction et de capacité, d'induction mutuelle, et, à l'inverse des transformateurs tournants, ne possèdent aucun organe mobile.

MM. Ferraris et Ricardo Arno ont indiqué une solu-tion qui consiste à disposer sur un moteur à cage d'écu-reuil marchant à vide et à la vitesse angulaire du syn-chronisme, un second enroulement orthogonal au pre-mier. Cet enroulement, induit par le champ tournant développé dans la partie mobile, devient le siège d'une force électromotrice alternative périodique déphasée de un quart de période. On peut l'utiliser pour la produc-tion de champs tournants assurant le démarrage des moteurs à courants alternatifs monophasés. On peut aussi employer, pour déphaser l'un des courants, une capacité intercalée dans l'un des circuits, ou prendre ce circuit sur le secondaire d'un transformateur dont le primaire est relié au courant alternatif qu'il s'agit de dédoubler.

M. Scott a également fait connaître un procédé très rationnel. Les primaires de deux transformateurs ali-mentés par deux courants alternatifs simples en quadra-ture, induisent trois circuits montés en triangle avec un nombre déterminé de spires sur chaque transformateur. Dans ces conditions, on obtient, entre les extrémités libres des enroulements secondaires, trois tensions alternatives, dont les différences efficaces deux à deux sont proportionnelles au nombre des spires et déphasées entre elles d'un tiers de période. On peut donc, par ce moyen, transformer les courants triphasés en courants diphasés, nécessaires pour certaines applications, ou inversement bien que ce soit plus rare dans ce dernier cas.

Nous arrêterons là l'étude des transformations de courants et des appareils permettant d'obtenir ces mutations, et maintenant que l'on connaît leur mode de fonctionnement, nous allons montrer ces divers appareils à l'œuvre.

# CHAPITRE V

## L'UTILISATION DES PUISSANCES NATURELLES

Il semble évident à première vue, — on ne serait peut-être plus aussi affirmatif aujourd'hui pour des raisons que nous déduirons plus loin, — que la solution la plus économique du problème de la production de l'énergie consiste à capter les puissances sans cesse en action dans la nature pour les appliquer aux besoins de l'industrie, et parmi ces puissances gratuites on peut citer :

La chaleur solaire ;

L'électricité libre, atmosphérique ou souterraine ;

Le vent ;

Le courant des rivières, les chutes d'eau, le mouvement des marées, etc.

Nous allons examiner, dans ce chapitre, ce qui a été fait dans cet ordre d'idées de l'utilisation des forces naturelles, et montrer quels résultats ont pu être atteints Dans la majeure partie des cas, ces puissances naturelles ne peuvent être captées qu'en des endroits déterminés, souvent fort éloignés de tout centre industriel, et, à moins d'installer des usines à proximité pour utiliser ces forces motrices, il n'a pas été possible, pendant très longtemps, d'en tirer profit. Il a

fallu que l'électricité prît un développement suffisant
pour donner le moyen de tourner la difficulté, et permettre de transporter au loin, jusqu'aux ateliers à desservir,
ou aux villes à éclairer, cette énergie naturelle perdue
ou impossible à utiliser sur place. Le transport à distance de l'énergie étant devenu une chose pratique,
industrielle, il s'agissait donc de transformer en électricité cette énergie, quelle que fût la forme sous laquelle
elle se présentait.

*Chaleur solaire.* — Il est bien certain que la seule et
unique source du mouvement sur la planète terrestre,
la seule cause de la Vie, le véritable moteur du monde,
est le Soleil, qui verse des torrents de lumière, de chaleur et de magnétisme sur le sol, élève les eaux dans
les hauteurs de l'atmosphère pour assurer la circulation aqueuse d'un pôle à l'autre, et crée le vent qui
brasse cette atmosphère et répartit l'humidité et la
chaleur dans les divers climats et aux différentes lati-
tudes du globe. Or, ces radiations dardées par l'astre
incandescent ne sont qu'une forme de l'énergie universelle, et il semble possible de les transformer, si on
ne peut les utiliser directement.

Des expériences de nombreux physiciens, tels que
Pouillet, Violle, etc., il résulte que chaque mètre carré
de la surface de notre planète reçoit environ 18 calories
par minute, soit 23 milliards de calories par hectare et
par an, quantité d'énergie qui équivaut, suivant les lois
de la thermodynamique, à près de 10 trillions de kilogrammètres de travail ; 543 milliards de moteurs de
400 chevaux-vapeur chacun, travaillant sans arrêt jour
et nuit, représentent la valeur de la radiation solaire
utilisée par notre planète seule, et ce n'est qu'une

7

fraction infime de la radiation totale produite par l'astre central de notre système planétaire. Une partie de cette énergie est employée à échauffer l'écorce terrestre jusqu'à une certaine profondeur, mais comme le sol et l'atmosphère rayonnent et renvoient une partie de cette chaleur dans l'espace, cette partie de la radiation solaire peut être considérée comme servant seulement à conserver l'équilibre de la température de la planète. Une autre partie est transformée en mouvements moléculaires, en actions et en réactions chimiques où les végétaux et les animaux tirent leurs moyens d'existence, et on peut conclure, en dernier examen, que la vie terrestre tout entière est suspendue au rayonnement du soleil.

La chaleur solaire est d'ailleurs la source des puissances naturelles que l'homme est parvenu à détourner à son profit et qu'il emploie sous la forme de combustible, de moteurs animés, de moulins à vent, de turbines hydrauliques, etc. C'est cette chaleur qui provoque le mouvement de circulation des eaux et des nuages ; la force du cheval et du bœuf a pour cause première l'assimilation des végétaux mûris par le soleil, et le combustible minéral, ce pain de l'industrie moderne, provient toujours de la même cause : c'est du carbone fixé par l'influence des radiations solaires dans les tissus des plantes de l'époque préhistorique. Sous quelque forme qu'elle emprunte le concours des agents naturels, l'industrie humaine relève donc de l'emploi du soleil, mais elle est encore loin de savoir recueillir et utiliser convenablement la fraction de rayonnement qu'elle tire du flambeau de la nature.

Cependant l'utilisation directe de ce calorique est par-

faitement possible, et la preuve en a été donnée à
maintes reprises, depuis Héron d'Alexandrie, cent ans
avant notre ère, ce qui prouve bien que le progrès est
loin de marcher à cent vingt à l'heure comme les automobiles actuelles et montre qu'il faut bien des siècles
de patience pour réaliser le plus modeste pas en avant.
J.-B. Porta, Salomon de Caux, Herschel, sont parvenus
à établir de véritables fourneaux solaires dès le xviii<sup>e</sup>
siècle, mais c'est incontestablement le professeur Mou-
chot, puis l'ingénieur Abel Pifre qui ont obtenu les
résultats les plus probants et permettant d'affirmer que
la conquête du soleil était désormais un fait acquis, et
pouvant entrer dans le domaine de l'industrie.

*L'insolateur solaire* Pifre est composé d'un réflecteur
parabolique monté sur un socle et muni d'un mécanisme
très simple à manivelle pour orienter l'ouverture de ce
réflecteur et amener le soleil à son foyer, lequel est
occupé par une chaudière cylindrique en cuivre noirci
extérieurement, sauf le dôme, et entourée d'une enveloppe de verre absorbante. Cet appareil est conduit par
un unique ouvrier dont le travail se borne à déplacer
toutes les cinq minutes l'ouverture du réflecteur, pour
le maintenir en face du soleil, et il peut remplacer dans
tous ses travaux le moteur agricole à vapeur ou à
pétrole, la chaudière pouvant fournir, avec un réflecteur
de 12 mètres carrés de surface utile, la quantité de vapeur
suffisante pour alimenter un moteur de trois à quatre
chevaux auquel elle est reliée par un tuyau souple. Ce
moteur peut alors commander toutes les machines que
l'on désire ; dans le cas qui nous occupe, des dynamos.

La supériorité de l'insolateur Pifre sur tous ceux qui
l'ont précédé consiste dans son rendement élevé, qui

peut atteindre 60, 70 et même 75 p. 0/0 de la chaleur
reçue. Sous la zone tropicale, où l'atmosphère est toujours limpide, il peut utiliser 30 calories par minute et

Fig. 37. — Insolateur Pifre actionnant une machine à vapeur.

par mètre carré de surface d'insolation ; un appareil de
20 mètres carrés permet donc de capter environ 10 calories par seconde, soit en une journée de douze heures
une quantité de travail de 32 chevaux-heure, avec la
machine à vapeur, dont on connaît le faible rendement.

Ce rendement est même, en partie, la cause de l'insuc-
cès de ce système, qui ne permet de recueillir que
8 pour 100 de l'énergie captée par le réflecteur : la
transformation du calorique en travail mécanique fait
perdre les neuf dixièmes de cette énergie, ce qui est un
véritable gaspillage.

Il est difficile d'éviter ce gaspillage de calories. Alors
que la théorie indique, d'après les lois de la thermodynamique qu'une calorie, quantité de chaleur capable
d'élever de 1 degré la température de 1 kilogramme
d'eau correspond à un travail de 425 kilogrammètres,
dans la pratique, on ne recueille guère que 30 à 40 kilogrammètres par unité de chaleur, en passant par l'intermédiaire de la machine à vapeur, et l'on peut dire
que c'est à l'amélioration de ce rendement vraiment par
trop minime que se sont voués de nombreux inventeurs
de moteurs perfectionnés.

On ne connaît malheureusement pas, jusqu'à présent,
de procédé économique pour transformer, avec le moins
de perte possible, l'énergie thermique en travail mécanique. On a bien essayé des piles thermo-électriques et
d'autres combinaisons, mais le résultat a toujours été
déplorable. Le meilleur moteur, celui qui utilise le mieux
les calories dépensées, est le moteur à explosion, brûlant
un mélange carburé quelconque, mais il oblige encore à
perdre plus des trois quarts des calories développées,
et qui sont emportées au ruisseau avec l'eau de refroidissement du cylindre. Tandis que, théoriquement, la
calorie correspond à 425 kilogrammètres, c'est à peine
si l'on peut arriver en pratique à atteindre 100 kilogrammètres par calorie dans les meilleurs moteurs. On voit
qu'il reste encore beaucoup à faire aux ingénieurs de

l'avenir pour améliorer ce rendement si médiocre et élever le coefficient utile de transformation de la chaleur en travail ou en électricité. Ce sera là la tâche de nos descendants ; nul doute que l'obstacle sera surmonté un jour, et que l'on transformera, directement et presque sans perte, les radiations solaires en énergie électrique.

*Électricité naturelle.* — Nous avons déjà montré, au cours du volume *Qu'est-ce que l'Electricité ?* comment il était possible de capter directement l'électricité libre dans l'atmosphère et de l'appliquer directement à la production de la force motrice. Nous reviendrons ici sur ce problème dont la solution est proche et qui fournira sans doute, à une époque peu lointaine, le moyen de disposer d'un réservoir de puissance infinie pour tous les besoins de la civilisation, et sans doute avec un attirail de machines moins compliqué que celui qui est nécessaire maintenant pour obtenir l'électricité.

Les études de nombreux physiciens ont prouvé que le champ électrostatique de l'atmosphère présentait une valeur pouvant atteindre 300 volts par mètre. En élevant à 1000 mètres de hauteur, au moyen d'un ballon captif ou autre appareil un conducteur isolé, on établira avec le sol une différence de potentiel de 300 000 volts. Les machines électrostatiques étant réversibles comme les dynamos et les alternateurs, rien ne s'oppose à ce qu'on les transforme en moteurs électriques en les alimentant de l'électricité puisée à grande altitude.

Un savant professeur d'Helsingfors, M. S. Lemström, mort récemment, a mis en évidence l'existence des courants électriques de l'air, et combiné un dispositif permettant de capter ces courants et d'utiliser ces grandes différences de potentiel. D'autres chercheurs,

MM. Michkine et Nodon entre autres, ont également indiqué certains procédés concordant au même but.

Ce n'est pas une utopie que d'entrevoir la possibilité de cette captation, à côté de laquelle la canalisation des eaux courantes deviendra d'importance secondaire. La Terre, dans sa rotation tourne au milieu de nappes atmosphériques superposées et mouvementées qui forment des couches de niveau à un degré de saturation électrique, de potentiel différent mais temporairement constant pour chaque nappe. De même, il a été constaté que la même différence de potentiel, mais négative, existe quand on descend dans l'intérieur du globe. Ainsi, en descendant dans un puits de mine de 500 à 600 mètres de profondeur un câble isolé, on remarque que ce câble est parcouru par un courant se dirigeant du fond vers la surface. Enfin, l'écorce du globe est elle-même parcourue par des courants dits « telluriques », causes premières du magnétisme terrestre, et dont on peut aussi pronostiquer l'utilisation dans l'avenir.

Pour conclure sur ces questions encore en pleine période d'étude, nous dirons, avec notre éminent maître et ami Max de Nansouty, que l'électricité est avant tout, dans ses prodigieuses révélations, une science d'observation et de constatation. Plus tard, on fera des théories confirmatives ou complémentaires, mais pour le moment, il faut s'efforcer avant tout de seller et de brider les chevaux électriques de l'atmosphère et du sol : il y a déjà là de quoi occuper utilement les inventeurs et les électriciens.

*Le vent.* — L'utilisation du vent comme puissance motrice remonte à un temps immémorial : les moulins à vent ont été introduits en Europe à l'époque des croi-

sades, ce qui prouve qu'ils existaient bien longtemps
auparavant, et jusqu'au dix-neuvième siècle, ils ont été
employés exclusivement à la mouture du blé et à la
préparation de la farine. Puis, devant l'inconstance de
leur fonctionnement, entièrement soumis aux caprices
du dieu Éole et de ses suppôts, ils tombèrent peu à peu
dans le discrédit, et, sauf dans certains pays où la brise
souffle presque constamment, ils furent remplacés par
les minoteries à vapeur pouvant travailler constamment
sans redouter les aléas dus à la collaboration d'un aide
aussi fugace que le vent.

Cependant le moteur à vent a ressuscité de ses cen-
dres, et, nouveau phénix, il tend maintenant à recon-
quérir la place dont il avait été dépossédé par des
appareils plus industriels. Mais il faut dire qu'il s'est
transformé et qu'au lieu d'être construit empiriquement,
sa forme est basée sur des principes scientifiques corro-
borés par l'expérience. Ce n'est plus la tour ronde ou
prismatique en bois ou en pierre, avec son toit mobile
en poivrière d'où sortait le timon d'orientation et l'arbre
avec ses quatre ailes en croix sur lesquelles on déroulait
une voilure résistante; c'est maintenant un pylône en
charpente métallique sur lequel se dresse une vaste roue
en lamelles de bois ou de fer galvanisé, de profil bien
étudié, et qui s'oriente d'elle-même sans le secours d'aucun surveillant. Tout a été prévu pour assurer l'automa-
ticité du fonctionnement, la régularité de la marche et
la résistance aux ouragans capables de démolir la construction et disséminer ses débris à travers la campagne.

Le moulin automoteur a été proposé dès l'année 1836
par le mécanicien français Amédée Durand. Il lui a fallu
un demi-siècle pour démontrer sa supériorité sur l'anti-

que tourniquet à quatre branches, et faire tout d'abord
un petit tour en Amérique avant de revenir en France
pour être accueilli ainsi qu'il méritait de l'être. Et c'est
sous la dénomination absolument erronée de « moulin
américain » que ce système est ordinairement désigné
aujourd'hui. C'est ainsi qu'on écrit l'histoire...

Au point de vue qui nous intéresse plus spécialement
ici, nous dirons que le moteur à vent ou « aéromoteur »
peut parfaitement être appliqué à la génération de l'électricité, surtout à la condition d'adjoindre à la dynamo
une batterie d'accumulateurs, et au besoin un régulateur
ou un disjoncteur-conjoncteur automatique fermant le
circuit dès que la vitesse normale est atteinte et l'ouvrant
lorsqu'elle s'abaisse au-dessous d'un minimum déterminé.

Les types nombreux de moulins automoteurs actuellement dans l'industrie se composent d'une roue, dont
le diamètre va de 2 à 12 mètres, et qui est formée d'une
série de lames de bois ou d'ailettes en fer galvanisé
montées obliquement sur une carcasse en bois ou en fer.
L'axe de cette roue est supporté par une fourche à deux
paliers, montée sur un pivot pour lui permettre de
décrire un tour complet sous la poussée d'une vaste surface disposée à l'arrière et appelée *girouette* ou *gouver-
nail*. Le mécanisme est complété par un dispositif
fonctionnant automatiquement, et variable suivant les
systèmes, dont le but est de soustraire la roue à l'effort
exagéré qu'exercerait sur elle un vent de tempête. Tantôt, c'est la roue tout entière qui s'oblique plus ou
moins jusqu'à ne présenter que sa tranche en cas d'ou-
ragan (système *Éclipse*) ; tantôt ce sont les lamelles
elles-mêmes, qui pivotent jusqu'à ne plus offrir à l'effort de l'air en mouvement que leur épaisseur (système

Halladay). Le coup de vent passé, les ailettes ou la
roue reviennent à leur position normale en se présentant toujours face au vent, quelle que soit sa direction.

Le principal but auquel les constructeurs, destinent
leurs aéromoteurs est d'actionner des pompes pour l'élévation des eaux,
pour l'arrosage et
l'irrigation des cul-
tures. Le mouve-
ment de rotation
de l'arbre est donc
ordinairement
transformé en
mouvement alter-
natif rectiligne de
façon à agir direc-
tement sur les ti-
ges des pompes.
Mais on a songé
ensuite à employer
ces moteurs à la
commande de
nombreux instru-
ments agricoles :
coupe-racines,
hache-paille, mou-

Fig. 38. — Aéromoteur système « Éclipse ».

lins à cylindres, machines à battre, etc., exigeant un
mouvement rotatif et on a alors remplacé l'excentrique
par un harnais d'engrenages donnant un mouvement
circulaire continu que l'on peut transmettre par courroie aux outils à actionner. C'est justement le cas
lorsqu'il s'agit d'une dynamo à commander, et ces

aéromoteurs se prêtent alors à ce travail particulier.

L'idée a d'ailleurs été réalisée, et, bien qu'aux débuts les résultats n'eussent pas été très encourageants, on est parvenu à surmonter les difficultés d'une semblable application et transformer la force du vent en énergie électrique.

C'est ainsi que M. Conz de Hambourg a établi une turbine à vent de 12 mètres de diamètre et 100 mètres carrés de surface faisant en moyenne 11 révolutions par minute en produisant de 2 à 30 chevaux-vapeur et même davantage. Le mouvement de rotation est transmis à une dynamo pouvant débiter jusqu'à 1200 ampères sous une tension de 160 volts à la vitesse angulaire de sept cents tours par minute. L'énergie de cette génératrice est ensuite transmise à une série de moteurs fonctionnant à la tension de 140 volts, ou emmagasinée dans une batterie d'accumulateurs d'une capacité de 66 kilowatts-heure. C'est dès que l'intensité du vent atteint 2 m. 50 par seconde que la dynamo fournit la tension de 160 volts ; aussitôt qu'elle augmente la charge des accumulateurs commence, et elle peut s'opérer avec une grande régularité, la masse de la turbine à vent formant volant et maintenant une allure très uniforme malgré les variations de vitesse de l'air en mouvement.

Lors des premières expériences tentées en France pour appliquer la force motrice du vent à la production de l'électricité, on avait cru qu'il était indispensable d'intercaler un conjoncteur-disjoncteur automatique entre la dynamo et la batterie d'accumulateurs, mais il n'a pas semblé à M. Conz que la présence de cet instrument fût rigoureusement nécessaire car, alors même que la puissance du vent diminuait pendant un temps plus ou moins long, il suffisait d'une quantité très minime d'électricité, environ 5 ampères, prise à la batterie pour maintenir la vitesse normale de la dynamo. Cette machine présente, d'ailleurs, cette particularité que ses inducteurs sont excités d'une manière permanente par la batterie d'accumulateurs ; le pôle positif de la dynamo est relié directement aux éléments, et le pôle négatif se rend à la batterie après avoir traversé un commutateur de couplage à mouvement automatique. Cette méthode permet de communiquer à la dynamo une tension très régulière, et elle évite la présence d'un rhéostat de réglage du champ magnétique, manœuvré à la main ou automatiquement. Comme, d'autre part, la batterie possède un réducteur de charge automatique, il s'ensuit que le courant d'excitation reste constant, pendant la charge de même que pendant la décharge de la batterie.

Cette installation, qui peut servir de modèle a été réalisée à Witkiel près Kappeln, en Prusse, et elle est appliquée à l'éclairage de cette ville. Aucune raison ne s'oppose à ce qu'on ne l'imite partout où l'eau courante manque et où, au contraire, le vent souffle presque constamment, comme c'est le cas au bord de la mer et dans les grandes plaines du Centre. La turbine atmosphérique est encore plus économique d'entretien que la turbine hydraulique, et, comme cette dernière, elle tire parti d'une puissance entièrement gratuite. Il me semble, toutefois, qu'elle ne peut guère être utilisée directement et commander des machines industrielles ou alimenter des lampes électriques, sans l'interposition d'une batterie-tampon qui corrige les variations continuelles de la force motrice. Qui sait même si un jour les villes et les campagnes ne seront pas hérissées de pylones supportant des roues éoliennes évoluant au souffle de la bris et transformant les déplacements des molécules de l'air en courant électrique, en lumière et en force motrice ?

Mais, si les moulins de 2 m. 50 à 3 mètres de diamètre sont suffisants pour les propriétés particulières où il n'est besoin que de 10 à 15 kilowatts d'énergie électrique par jour, dans les grandes exploitations agricoles, il faudra des roues aériennes de 6, 8 et même 10 mètres de diamètre, construites d'une façon robuste pour résister aux sautes de vent brusques, aux bourrasques subites, et conserver une grande régularité de marche, condition essentielle en matière d'électricité. Évidemment un semblable matériel électro-mécanique sera d'un prix assez élevé, car on peut évaluer à 5.000 ou 6.000 francs le coût d'un aéromoteur de 8 à 9 mètres de diamètre, et à un chiffre égal celui de la batterie-tampon le complétant, mais si l'on songe que l'on pourra capter en moyenne 100 kilowatts d'énergie gratuite par journée de vingt-quatre heures, le résultat mérite en vérité un instant d'attention.

*Utilisation de l'eau. La houille blanche et la houille verte.* — Jusqu'à présent, les différents procédés que nous venons de passer en revue dans ce chapitre n'ont reçu que peu ou pas d'applications, et la captation générale des puissances naturelles libres, telles que les radiations solaires, l'électricité atmosphérique ou tellurique, est encore à réaliser pratiquement. On commence à peine à débrouiller l'écheveau des difficultés s'opposant à ces transformations de l'énergie, dont la réalisation sera l'œuvre de demain. Il n'en est pas de même avec la puissance de l'eau, que l'on sait canaliser depuis bien des siècles.

On peut même dire que l'on assiste à un renouveau d'idées fort anciennes, mais rajeunies et améliorées par le progrès continuel des sciences. Le vieux moulin à vent aux grandes ailes en croix a été, pendant longtemps, le grand travailleur du blé, en même temps que tournaient à petite vitesse dans le même but, les lourdes et massives roues hydrauliques sur les cours d'eau. La roue hydraulique démodée, reléguée au loin par la machine à vapeur, a brillamment reparu en scène depuis, sous la forme de la turbine hydraulique, et, en même, temps, ressuscitait le moteur à vent, sous la forme perfectionnée aussi de moulin à turbine atmosphérique. Toutefois ce dernier, soumis aux caprices des courants aériens, ne saurait aspirer encore aux brillantes destinées de l'autre qui dispose de la régulière puissance des fleuves. Mais, néanmoins, il y a des analogies, et dans les exploitations de l'avenir, les deux systèmes se compléteront l'un l'autre, on n'en saurait douter, car ils ont cette qualité commune et primordiale d'avoir un fonctionnement des plus économiques dès lors que les frais de première installation ont été faits.

Si nous considérons plus spécialement maintenant l'utilisation du travail mécanique de l'eau en mouvement, nous dirons qu'aux grandes chutes, aux rivières à fort courant, aux torrents impétueux et suffisamment réguliers comme débit minimum appartiennent les grandes forces motrices industrielles, la grosse cavalerie de chevaux hydrauliques, ainsi que dit spirituellement M. de Nansouty. C'est là, suivant l'expression imagée et qui a fait fortune, d'un autre ingénieur, M. Bergès, le domaine de la « houille blanche ».

Aux nombreux petits cours d'eau qui serpentent,

appartiennent la diffusion sur le territoire, de l'éclairage électrique, le soin des améliorations agricoles et le travail d'une quantité d'instruments et de machines indispensables dans les fermes : c'est là le domaine de « la houille verte », ainsi coloriée par M. H. Bresson.

L'organe mécanique permettant ces progrès est la turbine hydraulique, de taille proportionnée à l'importance du cours d'eau. Fonctionnant avec des chutes tout à fait modestes, depuis 40 centimètres, pourvu qu'il y ait un débit d'eau suffisant et assez régulier en toutes saisons, la « turbinette » est le collaborateur agricole le plus précieux que l'on puisse imaginer. Elle fait renaître, sans en présenter les énormes inconvénients, tous les avantages des anciennes roues hydrauliques lentes et encombrantes, que la création et la vulgarisation des machines à vapeur avaient réduites à l'immobilité. La turbinette hydraulique, ainsi que sa sœur et concurrente la roue à cuillers genre Pelton, possède un rendement de 72 à 80 0/0, tandis que celui des anciennes roues à aubes ou à augets ne dépassait pas 30 à 50. On voit la supériorité du nouveau système.

En accouplant ce récepteur hydraulique perfectionné avec une machine dynamo-électrique, on possède, sans autres frais que l'entretien après la première mise de fonds, la possibilité de répartir dans un rayon de plusieurs kilomètres aux alentours, la lumière et la force motrice : ce sont là des avantages considérables.

Tout d'abord, en ce qui concerne l'éclairage, les bienfaits au point de vue de l'hygiène et de la régularité du travail, sont de premier ordre. Dans bien des régions agricoles, lorsque tombe la nuit dans la mauvaise saison, tout effort se trouve paralysé par des ténè-

bres épaisses. Sans pouvoir lutter efficacement, avec
quelques rares lumignons primitifs et d'usage dange-
reux au point de vue de l'incendie, le groupement villa-
geois s'assoupit, craintif de l'obscurité et comme muré
dans la nuit. La lampe à incandescence, alimentée par le
courant fourni par la houille verte, avec son éclairage
à bon marché, permettra de terminer la besogne com-
mencée, de ranger promptement les outils de travail,
de lire, et surtout de maintenir propres les locaux
agricoles, la vive lumière faisant ressortir plus vive-
ment la malpropreté. Les populations rurales auront
ainsi plus de bien-être, l'hygiène y gagnera, et la sécurité sera plus grande. On voit combien d'avantages.
D'autre part, en ce qui concerne les applications de
l'énergie électrique à la mise en marche d'une quantité
d'instruments agricoles, le bénéfice ne sera pas moins
sérieux. Sans faire subir aucune modification au courant développé par le turbo-dynamo, on peut l'obliger à
actionner les principaux appareils travaillant sur place
et commandés le plus souvent à bras : tarares, trieurs,
concasseurs, hache-paille, coupe-racines, laveurs, écré-
meuses centrifuges, batteuses, etc. De même on peut
actionner les scies à ruban ou circulaires pour la char-
ronnerie, le soufflet de la forge à la maréchalerie, les
meules à affûter, etc., enfin commander à distance les
pompes pour l'élévation de l'eau potable et des eaux
d'arrosage. On voit combien de services pourra rendre
l'utilisation rationnelle des eaux courantes.

*Les moteurs hydrauliques.* — Le seul système de
moteur hydraulique qui soit resté en usage est, ainsi
que nous l'avons dit plus haut, la turbine, qui se compose essentiellement d'une roue à aubes, dont la forme

est déterminée par l'expérience, et qui est mise en mouvement par un courant d'eau de provenance quelconque : barrage, chute, etc.

L'invention des turbines hydrauliques remonte déjà à un certain temps ; les premières ont fait leur apparition à la fin du xviii° siècle, mais ce n'est que vers 1850 qu'elles ont attiré l'attention des ingénieurs et commencé à recevoir des dispositions réellement pratiques, permettant de les appliquer à toutes les hauteurs de chute, avec un rendement satisfaisant. Fourneyron, Jonval, Fontaine et Girard, sont les chercheurs qui ont ouvert la voie et essayé de déterminer les conditions scientifiques auxquelles doivent répondre ces appareils. Les systèmes modernes de turbines ne sont que des améliorations de l'un ou de l'autre des modèles inventés par ces habiles hydrauliciens.

L'énergie mécanique pouvant être, avec la plus grande facilité, transformée aujourd'hui en énergie électrique qui peut être transportée au loin pour reproduire du mouvement, engendrer de la chaleur et de la lumière, ou utilisée sur place à des opérations électrochimiques, on conçoit quel champ illimité d'action cette énergie que peut fournir à la civilisation et l'on s'explique aussitôt pourquoi l'homme s'est constamment efforcé de canaliser et d'asservir les forces naturelles et économiques représentées par les nombreux cours d'eau serpentant à la surface de la planète.

Les moteurs à eau ont de précieux avantages : ils sont d'une assez grande simplicité, qui rend faciles leur conduite et leur entretien ; leur seul inconvénient réside dans la variabilité de la puissance utile qu'ils développent, car le débit des cours d'eau est souvent irrégulier

8

et dépend des saisons. A de certaines époques de l'année, ce débit est exagéré par les crues et les montées d'eau, tandis qu'à d'autres, la sécheresse est telle que le volume d'eau est réduit à une fraction de ce qu'il est en temps normal. La première qualité d'un moteur hydraulique doit donc être de se trouver le moins possible influencé par le changement de ses conditions de fonctionnement. C'est dire que le rendement doit être élevé, non seulement à pleine admission, quand l'eau est en abondance, mais aussi et surtout quand cette quantité diminue, comme c'est le cas pendant les basses eaux de l'été car c'est alors qu'il faut tirer le meilleur parti possible de ce liquide. Or, il arrive avec certains types de turbines, qui donnent un rendement à pleine charge de 80 et même 85 0/0, que la force disponible, au lieu de rester proportionnelle à la quantité d'eau, c'est-à-dire d'être moitié de la puissance totale si le débit se trouve par exemple, diminué de moitié, se trouve réduite au quart, ce qui montre un rendement de 20 à 25 0/0 au plus *à admission partielle*. C'est là un point important en matière de moteurs hydrauliques, et qu'il ne faut pas perdre de vue.

Les turbines modernes sont des moteurs hydrauliques dont l'axe est le plus souvent disposé verticalement, sauf dans certains systèmes. L'eau agit par son poids et par sa vitesse sur des aubes de profil déterminé. D'après la direction suivant laquelle l'eau agit, on les distingue en *turbines radiales* et *turbines axiales*, ou turbines *Fourneyron*, et turbines *Fontaine* ; chacune de ces catégories peut, à son tour, se subdiviser en turbines *à pleine injection* et turbines à *injection partielle*, selon qu'elles reçoivent l'eau sur la totalité ou seulement sur certaines parties de leur contour. D'après le mode d'action de l'eau on peut encore les partager en *turbines d'action*, dans lesquelles le travail mécanique est uniquement produit par la puissance vive de l'eau (la vitesse étant seule utilisée), et les turbines *à réaction*, dans lesquelles, concurremment avec la puissance vive, agit principalement la pression de l'eau.

Dans toutes les turbines, l'eau est amenée dans une partie fixe munie d'aubes courbes, appelées directrices, qui ont pour but de guider l'eau à son entrée dans la roue mobile. Entre les deux pièces concentriques, la couronne fixe et la turbine proprement dite, existe un jeu qui varie entre 3 et 8 millimètres et même davantage pour les turbines d'action. Pour les turbines à réaction, la pression de l'eau en cet endroit doit être égale ou un peu supérieure à la pression extérieure ; les pertes de travail provenant de la sortie de l'eau par cette solution de continuité étant bien plus faibles que celles qui se produiraient par les tourbillonnements dus à une aspiration d'eau du dehors au dedans. Les turbines à réaction peuvent travailler aussi bien noyées qu'à l'air libre ; celles à injection partielle dont les canaux contiennent toujours de l'air, doivent être disposées hors de l'eau. Il est indifférent avec elles que la chute d'eau presse au-dessus ou agisse au-dessous de la roue mobile, et c'est ce qui explique pourquoi certaines turbines de ce genre ont pu être installées à 6 et même 8 mètres au-dessus du niveau d'aval.

*Divers systèmes de turbines.* — Dans le modèle Jonval, les canaux formés par les aubes de la roue mobile ont une largeur plus grande que celles de la couronne fixe. Le rendement atteint 76 0/0 quand l'eau agit sur tout le pourtour, mais, dans le cas où l'action de l'eau ne se produit que sur une partie de la circonférence, il s'abaisse en raison directe du carré du débit. On emploie ordinairement ce système pour une certaine puissance d'eau existante ; tout le débit disponible n'est pas absorbé par le moteur en temps ordinaire, et au moment des basses eaux, il reste une certaine quantité d'eau pour l'alimentation. Il peut être établi jusqu'à une hauteur de 8 mètres au-dessus du niveau inférieur, mais il présente l'inconvénient d'un réglage difficile de l'effet de l'eau sur la couronne.

Les turbines Fontaine et Girard sont des turbines d'action à libre déviation ; l'eau agit sur la totalité ou sur une partie seulement de la périphérie; elles sont particulièrement appréciées pour l'utilisation de débits variables sous une chute sensiblement constante. Les axes des types à injection partielle sont tantôt verticaux, et alors l'eau arrive par-dessus dans les canaux de la roue mobile, et tantôt horizontaux, auquel cas l'eau est donnée par la circonférence intérieure, et ces turbines sont alors radiales. Pour régler la dépense, lorsque le débit est variable, il existe différents procédés.

On peut faire usage de turbines *multiples*, c'est-à-dire constituées par deux ou plusieurs couronnes concentriques, et dont une ou plusieurs parties peuvent se fermer au moyen de vannes-tiroirs ciculaires, ou bien encore, pour les turbines radiales à injection totale, réduire uniformément sur tout le pourtour la hauteur de la couronne fixe et de la roue mobile, ou, pour les turbines axiales à injection partielle ou totale, fermer un certain nombre de canaux distributeurs à l'aide de clapets, ou de vannelles, ou par le déplacement d'un secteur circulaire formant vanne ou tiroir.

Le système qui s'est le plus répandu, depuis l'exten-

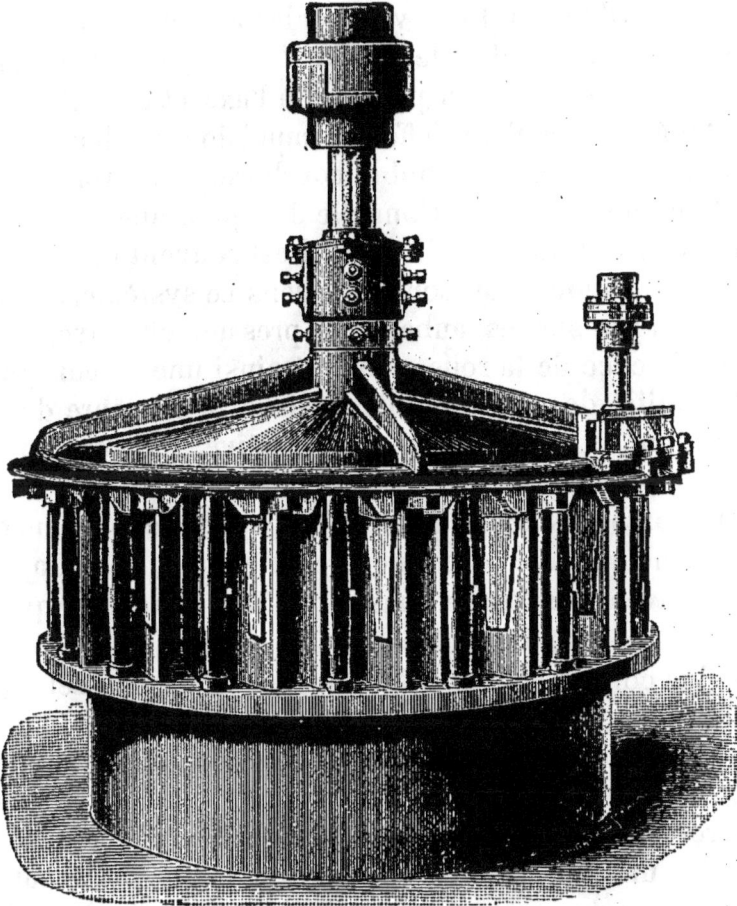

Fig. 3J. — Turbine « America » de Mac-Cormick.

sion considérable prise par l'utilisation des chutes d'eau et leur transformation en énergie électrique, est la turbine américaine centripète, dont le type Mac-Cormick est celui qui répond le mieux aux conditions du problème que nous avons exposé du rendement élevé à admission réduite. L'eau, introduite dans une direction horizontale, agit d'abord par sa force vive sur les aubes, puis, sa pesanteur intervenant, elle achève de travailler par réaction dans une direction parallèle à l'axe, et c'est l'action combinée de ces deux effets : impulsion et charge de l'eau sur des aubes à double courbure, qui permet l'utilisation complète et rationnelle de la puissance de l'eau. En outre, la force centrifuge, qui est souvent une cause de perte, s'ajoute, au contraire, dans ce système, à l'action de l'eau sur les aubes ; la pression effective, à la circonférence de la roue, acquiert ainsi une valeur égale à la moitié de celle de l'eau dans la chambre d'alimentation, et on obtient, en définitive, un rendement atteignant en moyenne 80 0/0.

De nombreux constructeurs français ont copié plus ou moins heureusement ce modèle américain, en lui ajoutant souvent des dispositions permettant un réglage qu'ils croient plus facile ou plus sûr. Citons, parmi les modèles les plus connus ceux de MM. Bouvier, Brault-Teisset, Singrün frères, Neyret-Brenier, Laurent et Collot, Gandillon, Royer et Jolly, etc. Le *régulateur de vitesse* adapté aux turbines par MM. Bouvier est particulièrement intéressant, en raison de sa sensibilité, et nous devons en dire un mot en passant. Le principe de cet appareil est d'absorber instantanément l'énergie qui n'est plus utilisée par les machines réceptrices et de la rendre disponible dès qu'il est nécessaire. L'installation en est très simple : il suffit d'intercaler une poulie sur la transmission principale pour le commander par courroie.

Le régulateur tachymètre des mêmes constructeurs est non moins utile : il donne le moyen de supprimer complètement les oscillations des régulateurs avec servo-moteurs ordinaires, et il permet de régler, avec un appareil de vannage unique, toutes les turbines actionnant des régulateurs couplés en parallèle.

Les installations sont d'autant moins coûteuses en général, qu'elles utilisent une plus grande hauteur de chute ; cependant jusqu'à ces dernières années les constructeurs éprouvaient une certaine appréhension à dépasser 200 mètres, car ils redoutaient une usure rapide des aubes du moteur, les ruptures de pièces par la force centrifuge considérable développée par les vitesses excessives de rotation de la roue mobile, enfin une baisse de rendement. L'expérience a appris à surmonter ces difficultés, et, aujourd'hui, certaines stations hydro-électriques fonctionnent avec des chutes de 800 et 900 mètres de hauteur.

Pour ces grandes hauteurs de chute et les pressions formidables qu'elles représentent, quel est le genre de turbine qui convient le mieux ?... On est à peu près d'accord pour donner l'avantage aux roues «à cuillers» du genre Pelton, et les roues à axe horizontal Girard tendent à leur céder le pas. Dans ce système, l'eau est amenée par une conduite en fonte d'acier, munie d'un robinet-vanne placé devant un injecteur à un ou plusieurs ajutages. La veine liquide, en traversant ces ajutages, est dirigée sur les aubes ou *cuillers* disposées tout autour de la roue dont le diamètre est assez grand, et les jets agissent sur les aubes arrivant au bas de leur course, tangentiellement par rapport à leur ligne médiane et normalement à leur direction. L'effort s'exerce donc à la circonférence, ce qui est rationnel et ménage les paliers de support de l'arbre, qui ne subissent pas de pression exagérée au détriment du rendement et de la conservation de la machine. Les aubes présentent la forme d'un godet double dont la génératrice présente à la veine liquide une arête vive qui la divise en deux et la dévie de chaque côté du plan de la roue pour lui donner une direction perpendiculaire à la direction primitive. En continuant son trajet, l'eau quitte les aubes suivant un angle très faible et strictement suffisant pour assurer son évacuation. Les dimensions des aubes de la roue Pelton sont en rapport avec la hauteur de la chute, c'est-à-dire avec la pression de l'eau et le débit de la conduite, de façon que le liquide suive des courbes décroissantes pendant le parcours desquelles elle perd graduellement toute sa vitesse si bien que toute sa force vive se trouve utilisée.

De nombreuses applications de ce genre de roues à effets tangentiels ont été réalisées et on est parvenu à surmonter les difficultés inhérentes au dispositif d'injecteur et d'ajutage déterminant la vitesse de rotation. Des dispositions particulières ont été prises pour régler cette vitesse, et les plus simples consistent à employer des orifices distributeurs à ouverture réglable, modifiant à volonté la section des jets et restreignant le débit sans influer sur la pression agissant sur les aubes. Ainsi perfectionné, ce moteur hydraulique présente, pour les hautes chutes, les mêmes avantages que la turbine américaine genre Mac-Cormick pour les faibles chutes. Sa solidité, la simplicité de son mécanisme, sa facilité d'installation et son haut rendement qui se maintient malgré les variations les plus grandes de débit et de puissance, en font un appareil précieux dans de nombreuses circonstances.

*Petits moteurs hydrauliques.* — Ainsi donc, en résumé, la turbine à axe vertical ou horizontal, type américain, est le meilleur moteur hydraulique pour chutes moyennes, de 40 centimètres à 50 ou 60 mètres. Au-dessus la roue tangentielle Pelton s'impose.

Dans beaucoup de villes, on dispose (dans les rez-de-chaussée des maisons, bien entendu) d'eau sous pression de 20 à 40 mètres (2 à 4 atmosphères) provenant des canalisations de distribution municipales. Certains constructeurs ont songé à utiliser cette eau sous pression pour actionner des turbines en réduction actionnant de petits outils ne réclamant qu'une faible quantité de travail. Tel est le cas du modèle américain la *Chicago, stop* qui peut se monter sur le robinet d'eau d'une colonne montante et qui fournit 1 kilogrammètre, par seconde avec un débit de 300 litres à l'heure et une pression de 25 mètres, et 5 kilogrammètres avec 1000 litres et 40 mètres. Les petits modèles de Humblot Cassel, Dick Broron, sont des appareils analogues permettant d'obtenir quelques kilogrammètres de travail en vue de quelques applications domestiques. Mais le rendement de ces turbo-moteurs jouets atteint au plus 50 0/0, et le volume d'eau consommé est relativement considérable, aussi l'intérêt qu'ils présentent est-il plutôt médiocre, et c'est surtout à titre documentaire que nous les avons mentionnés en passant.

*Les moulins à marée.* — Nous devons encore dire un mot, avant de clore ce chapitre, des appareils permettant d'utiliser une partie de la puissance des marées c'est-à-dire la force des vagues s'élevant deux fois

par jour le long des rivages de la mer, par l'attraction
des corps célestes. C'est encore là une force naturelle
gratuite, perpétuelle et intarissable.

Fig. 40. — Conduites amenant l'eau aux turbines d'une usine hydro-électrique.

Une installation a été d'ailleurs réalisée sur les côtes

de la Californie. A l'extrémité d'un bâti s'avançant dans la mer, sont placés trois grands flotteurs ressemblant à des pontons d'embarquement. Par des tiges à parallélogramme articulé, ces flotteurs qui se soulèvent et s'abaissent suivant le mouvement des vagues refoulent de l'eau dans un corps de pompe et de là dans un réservoir surélevé. L'eau ainsi emmagasinée peut agir sur une turbine en développant une certaine quantité de travail qui est transformée en énergie électrique. Il paraîtrait que l'on récupérerait ainsi 25 chevaux-heure.

Un Américain, M. Rochert, de Carson-City, a également fait breveter un dispositif analogue, qui utilise les mouvements ascendants et descendants des marées. Un plan incliné en maçonnerie plongeant dans la mer est la base du système. A sa partie inférieure est disposé un flotteur monté sur quatre galets roulant sur deux rails parallèles et lui permettant de s'élever au sommet de la pente pour redescendre jusqu'en bas. Les vagues viennent frapper ce flotteur et le font monter alternativement sur le plan incliné. Le mouvement est transmis par des câbles s'attachant au flotteur et passant sur des poulies placées au sommet de la pente avant de revenir s'enrouler sur un tambour sur le flotteur même. L'axe de ce tambour porte des pignons engrenant sur deux crémaillères latérales. Quand le flotteur fait un mouvement ascensionnel, les câbles s'enroulent sur le tambour qui suit ce mouvement en roulant le long des crémaillères; à l'extrémité du plan incliné, les poulies se mettent à tourner dans un sens. Quand le flot se retire et que le flotteur baisse, les câbles se déroulent et les poulies tournent en sens contraire. Ces deux mouvements inverses de rotation sont transformés en un mouvement circulaire toujours de même sens par un un mécanisme très simple, ce qui permet d'actionner une machine quelconque à mouvement rotatif continu.

L'agitation perpétuelle des eaux de la mer peut donc être utilisée, au même titre que le courant des rivières et le vent, elle a même été mise à profit pour alimenter les lampes électriques de bouées lumineuses placées à l'embouchure de l'Elbe pour éclairer l'entrée du chenal. C'est encore là une source d'énergie gratuite qui sera employée en grand un jour, de même que la houille blanche ou verte, et ces considérations laissent à penser que jamais l'humanité ne sera à court d'énergie pour entretenir ses machines, même lorsque les mines de houille noire auront été épuisées.

# CHAPITRE VI

Dans les grandes villes, les usines d'électricité dé-
nommées « stations centrales » ou « secteurs », ont
pour but la génération économique du courant nécessaire à l'alimentation d'un réseau plus ou moins important sur lequel sont branchés les appareils d'utilisation
que l'on peut ranger en trois grandes catégories qui
sont : les foyers pour l'éclairage, les moteurs industriels à poste fixe et les moteurs de traction. Or, il
est universellement reconnu aujourd'hui que, pour
obtenir le facteur d'utilisation le plus élevé, et par
suite le prix de revient le plus bas possible de l'énergie
produite, il convient que la même usine puisse assurer
à la fois l'entretien des trois applications principales
que nous avons énumérées. Le résultat est beaucoup
plus favorable avec une seule grande usine alimentant tout le réseau qu'avec diverses petites stations
réparties en différents points de l'agglomération à desservir.

Mais pour réaliser pratiquement cette conception de
l'unique station centrale, il importe que l'énergie électrique y soit engendrée sous la forme qui convient le
mieux aux différentes applications de cette énergie

Toutefois, les électriciens ne sont pas entièrement
d'accord pour préciser quelle est la forme de courant
la plus convenable et se prêtant le mieux à ces usages
très différents. La majorité des opinions penche pour
les courants alternatifs triphasés, à la fréquence de
25 périodes et sous un potentiel de 10,000 volts. Ces
courants peuvent être en effet transportés économiquement à toute distance et transformés en courant continu dans des sous-stations édifiées aux centres de
distributions.

C'est la solution qu'a adoptée la Société d'Electricité de Paris, et la colossale usine qu'elle a édifié sur
les bords de la Seine à Saint-Denis, a été édifiée en par-
tant de ce principe. Mais, comme elle est destinée à
venir en aide à d'autres secteurs de distribution voi-
sins, devenus insuffisants, on a installé deux types de
générateurs, les uns donnant du courant à la fréquence
25, les autres à une fréquence voisine de 42 qui est
celle des autres secteurs. Les premiers fournissent des
courants triphasés, qui alimentent des commutatrices
et des moteurs électriques ; les seconds des courants
diphasés. Enfin, pour son éclairage propre et pour le
service de la clientèle la plus proche l'usine produit encore du courant continu à la tension de 230 et de 550
volts engendrée par un groupe électrogène et un transformateur rotatif.

L'emploi d'alternateurs à deux fréquences différentes
présente évidemment le défaut de détruire l'homogé-
néité de l'usine, mais cet inconvénient a été imposé à
Saint-Denis par les circonstances locales. On en a
cependant atténué les conséquences en installant un
groupe transformateur polymorphique capable de chan-

ger les courants triphasés en courants diphasés et
inversement suivant les besoins du service.

Ce groupe est formé de deux alternateurs, accouplés à
la suite l'un de l'autre sur le même arbre, l'un donnant des
courants triphasés à la fréquence 25 sous une tension
de 10.250 volts, l'autre donnant des courants de même
phase à la fréquence 42 sous une tension de 6250 volts.
Suivant les besoins, l'un ou l'autre de ces alternateurs est employé comme moteur alimenté par le courant d'autres unités de l'usine ; l'autre débite alors en
parallèle avec ces unités, soit directement, soit par
l'intermédiaire d'un transformateur statique qui élève,
de 6.150 à 12.300 volts, la tension des courants diphasés. Enfin ce même groupe comporte encore, à chaque
extrémité de son arbre, de chaque côté des alternateurs,
des dynamos fournissant du courant continu à 750 volts,
et d'une puissance de 750 kilowatts.

Un point caractéristique de l'usine de Saint-Denis
réside dans l'automatisme de son fonctionnement. Bien
entendu, la seule force motrice qui était possible dans
un semblable emplacement était la vapeur: c'est donc la
machine à vapeur qui produit l'énergie électrique par
la combustion de charbon, mais on a employé les appareils les plus perfectionnés et les plus économiques,
c'est-à-dire les turbines. La main-d'œuvre a été réduite
au minimum : des grues et des convoyeurs à commande
électrique effectuent le déchargement des chalands, la
mise en silos et le transport du charbon jusqu'aux
grilles des générateurs de vapeur, et la dépense de courant pour ces manipulations est loin d'atteindre la
valeur des salaires qui devraient être payés si ces travaux étaient effectués par des manœuvres. Les foyers

étant ainsi à chargement mécanique et l'alimentation
d'eau de toutes les chaudières s'opérant d'un poste
central ; les générateurs d'électricité étant de grande
puissance, le personnel de l'usine se trouve réduit au
strict minimum, ce qui est une cause de sérieuse économie.

L'usine comprend trois groupes de bâtiments identiques, contenant chacun quatre silos pour l'emmagasi-
nement de 4.000 tonnes de charbon, une salle de chauffe
avec 24 chaudières type Babcock-Wilcox, une salle des
pompes où sont réunis les divers appareils servant à
régler l'alimentation d'eau de ces chaudières, enfin une
salle des machines contenant quatre turbo-alternateurs
à vapeur système Brown-Boveri-Parsons de 6.000 kw.
en régime normal, fournissant les courants triphasés ou diphasés dont nous avons parlé. Un bâtiment
occupé par le tableau de distribution générale complète cette installation véritablement modèle et capable
de générer 75.000 kilowatts d'énergie lorsque toutes
les unités seront en fonctions.

Telles sont les dispositions données à l'une des usines centrales urbaines les plus récemment montées.
Bien des capitales possèdent des usines analogues
moins puissantes mais non moins bien outillées ; partout on s'est efforcé de produire le courant au meilleur
marché possible, et c'est à ce but que tendent les
recherches des ingénieurs et des électriciens. La question de rendement économique est primordiale, et quand
les moteurs thermiques sont seuls d'un usage possible,
comme c'est le cas dans les grandes villes, il faut obli-
gatoirement produire le plus de vapeur possible par
tonne de combustible, le plus d'énergie mécanique pos-

sible dans le moteur par kilogramme de vapeur, et restreindre au minimum la main-d'œuvre humaine si onéreuse.

Ainsi donc, dans les usines d'électricité obligées de
recourir aux moteurs thermiques pour la génération de
l'énergie électrique, c'est encore le turbo-moteur qui
s'impose et qui triomphe, comme dans les campagnes
éloignées des centres industriels où la turbine hydraulique procure la puissance motrice dans les meilleures
conditions économiques, à la condition, toutefois, que la
captation des sources à utiliser ne nécessite pas des
travaux d'appropriation trop considérables, car il vau-
drait mieux alors recourir encore aux combustibles.

D'après la revue l'*Electrical World*, le courant électrique coûterait moins à produire avec des groupes
électrogènes de grande puissance consommant du charbon à 12 shillings (15 fr.) la tonne qu'avec une chute
d'eau. Les frais d'organisation d'une station hydro-électrique sont au moins doubles de ceux d'une usine à
vapeur, et l'amortissement ainsi que l'intérêt du capital
engagé représente 50 0/0 du total des dépenses annuelles. Que l'on double le capital consacré à la construction d'une station hydro-électrique de même capacité et
la dépense annuelle sera supérieure à celle de l'usine à
vapeur, puisqu'en dehors de la rémunération et de la
reconstitution du capital, il faudra ajouter les dépenses
de main-d'œuvre, d'entretien du matériel électro-mécanique et les frais généraux d'administration. Il faut
encore tenir compte, dans une installation hydro-électrique, d'une cause importante de dépense, et qui est la ligne
de transport. La fourniture, la pose et l'entretien des
canalisations souterraines, les seules possibles dans les

9

villes, entraînent des frais considérables qui grèvent le prix de revient du courant beaucoup plus que l'augmentation du prix du charbon, car, en raison de ce poids mort, le doublement du prix du combustible n'augmente que de 15 0/0 celui du kilowatt.

Les lignes aériennes qui transportent le courant des stations hydro-électriques aux points de consommation sont, à distance égale, bien moins coûteuses que les câbles souterrains. Mais commes elles doivent servir à des transports à haute tension (10.000 à 100.000 volts), leur installation doit être faite dans des conditions de solidité qui la rendent assez onéreuse. En outre, les chutes d'eau utilisables sont situées dans les régions montagneuses ; les centres de consommation sont, au contraire, placés sur le bord de la mer ou sur les rives des lacs ou des grands cours d'eau navigables. Il faut donc transporter le courant à des distances considérables. Aussi l'installation des lignes de transmission constitue-t-elle une source de dépenses assez importante pour annuler très souvent l'économie du combustible.

Ces observations ne manquent pas d'une certaine justesse, mais on peut croire que cette manière de voir est quelque peu pessimiste. Il se peut que la chose soit exacte pour l'Angleterre, qui a le charbon en abondance et à bon marché et ne dispose que d'un nombre restreint de chutes d'eau, sauf dans quelques régions comme l'Écosse et le pays de Galles. Les usines hydro-électriques sont en revanche clairement indiquées dans les pays pauvres en houille et qui possèdent des chutes nombreuses et abondantes. Il ne faudrait pas que les progrès réalisés dans la construction des turbo-moteurs

à vapeur et l'exploitation des grandes centrales parvins-
sent à empêcher de tirer parti des vastes réservoirs de
puissance motrice constitués par les grands cours d'eau
et les sources de l'ancien et du nouveau continent!

Mentionnons encore l'usage, qui tend à se répandre
dans les villes, particulièrement dans celles pourvues

Fig. 41. — Moteur à pétrole à deux volants pour la commande
des dynamos.

d'usines à gaz chargées d'assurer en même temps le service de l'éclairage électrique, des moteurs à gaz pauvres, de préférence aux turbines à vapeur pour actionner les dynamos et les alternateurs.

La question de l'alimentation des moteurs à mélange
tonnant a beaucoup progressé depuis une vingtaine
d'années, et il faut bien reconnaître que, malgré les

perfectionnements très sérieux apportés à la machine à vapeur, notamment par la création du turbo-moteur, ce genre d'appareils présentent un très grand intérêt, en raison de leur rendement organique très élevé, supérieur à celui de la vapeur d'eau, et au prix extrêmement modique auquel ils parviennent à produire la force motrice.

Beaucoup d'usines à gaz, obligées par la demande de leur clientèle, de distribuer de l'électricité, ont débuté par installer des moteurs à quatre temps alimentés de gaz d'éclairage ou gaz de ville provenant de la distillation de la houille, puis, considérant par la suite que les moteurs pouvaient se contenter de mélanges tonnants moins coûteux, ces usines ont fabriqué du gaz à l'eau et des gaz pauvres, qui coûtent moins d'un centime le mètre cube avec des combustibles médiocres, et brûlent cependant bien dans les cylindres des moteurs à explosion.

Les gazogènes ont reçu de très sensibles perfectionnements depuis l'apparition des premiers modèles de Dowson, Bénier, Lencauchez, etc. Les modèles actuels de Delvik-Fleissner, Pierson, Riché, de Winterthur entre autres, ont un fonctionnement très sûr et très régulier, sans encrassement rapide ni engorgement ; les gaz qu'ils dégagent sont composés d'un mélange d'oxyde de carbone, d'hydrogène et d'hydrocarbures dilués dans une égale proportion d'azote. Il a fallu lutter principalement contre l'entraînement des poussières dans le moteur, mais cette difficulté a encore été écartée. La teneur calorifique du mélange gazeux ne dépasse pas 1500 calories, et est même souvent inférieure à ce chiffre ; on parvient cependant à l'enflammer sous le piston par une étincelle électrique très chaude produite

FIG. 42. — Salle des machines d'une usine hydro-électrique.

par une petite magnéto ou une pile et un petit transformateur.

Le succès obtenu par les moteurs de ce genre, a suggéré l'idée de les alimenter des gaz s'échappant du gueulard des hauts fourneaux à fondre le fer, gaz qu'on laissait auparavant se perdre dans l'atmosphère, ou qu'on n'employait guère qu'à chauffer l'air pour les souffleries. Le résultat a été supérieur à tout ce qu'on pouvait espérer, et aucune fonderie, aucun établissement métallurgique ne laisse plus maintenant se perdre ces précieux gaz, que l'on brûle dans les moteurs à explosion pour obtenir de l'énergie électrique. L'honneur de ce progrès revient en grande partie à l'ingénieur français Delamare-Deboutteville, créateur du *Simplex*, et à M. Greener, directeur général des usines Cockerill de Seraing (Belgique), dont on se rappelle la remarquable unité de 750 chevaux qui attira l'attention de tous les industriels à l'Exposition Universelle de 1900.

L'industrie dispose donc, à côté de la turbine à vapeur, d'un moteur à haut rendement et ne demandant que des combustibles médiocres. C'est le moteur à gaz pauvres, gaz à l'eau, de gazogènes ou de hauts-fourneaux, auquel on peut prévoir l'avenir le plus grandiose, car il est le rival incontestablement le plus redoutable de l'antique bouillotte de Papin, même infiniment perfectionnée. C'est le système thermique qui possède le plus haut coefficient de transformation; comme tel il est donc supérieur à la vapeur et peut-être la supplantera-t-il un jour.

*Les usines hydro-électriques.* — Bien que l'industrie dispose, ainsi qu'on vient de le voir, de nombreux procédés perfectionnés pour obtenir du courant électrique,

il n'empêche que l'on cherche de plus en plus à tirer
parti des puissances naturelles qu'on laissait jusqu'à
présent se perdre sans profit. Chaque fois que la canalisation d'un torrent, le barrage d'un cours d'eau, n'est
pas trop onéreuse à réaliser, on s'efforce de capter cette
énergie, et ainsi que nous nous sommes efforcé de le
montrer, cette question présente, quoi qu'en pensent
certains étrangers, un incontestable intérêt pour les
régions où l'eau est abondante. L'utilisation des puissances hydrauliques a d'ailleurs donné naissance, depuis
quelques années, à bien des études des ingénieurs et des
économistes, au nombre de qui on doit placer en première ligne, M. Gabriel Hanotaux.

D'après une statistique récente dressée par MM. Ta-
vernier de la Brosse et Thénin, ingénieurs en chef des
Ponts et Chaussées et complétée, au point de vue agricole, par M. H. Bresson, à la demande du Ministère du
Commerce, la France ne possède pas moins, sur son
territoire, de cinquante mille chutes d'eau représentant
une puissance de 575. 000 chevaux, dont la plus grande
partie est fournie par les départements de la région des
Alpes, du Jura et des Pyrénées. L'Isère arrive en tête
avec 38.000 chevaux, puis la Savoie avec 31.000, les
Basses-Pyrénées, la Haute-Savoie, les Hautes-Pyrénées
avec 20.000, enfin les Vosges et le Doubs avec 12.000.

Il est évident qu'il y a encore loin de ce résultat à
celui atteint par le moteur thermique, car la puissance
développée par la totalité des machines à vapeur fonctionnant en France atteint 7 millions de chevaux-vapeur.
Il est vrai que l'utilisation générale de la « houille
blanche » et de la « houille verte » est encore toute
récente, et que la puissance qui reste disponible est en-

core immense si l'on en croit M. Bergès, qui a étudié à fond la question et qui estime que seule la région alpine française allant du mont Blanc aux Basses-Alpes renferme encore une puissance totale et utilisable d'au moins 5 millions de chevaux. Une quantité égale d'énergie peut encore être obtenue dans le nord des Alpes, le Jura, les Vosges, les Pyrénées, le massif Central, ce qui donne un total de 10 *millions de chevaux* pour la France tout entière. Bien entendu, pour atteindre ce chiffre, il faudrait capter non seulement les chutes naturelles, mais aussi tous les cours d'eau, au moyen de barrages.

Dans les autres pays d'Europe, les installations hydro-électriques, quoique fort nombreuses, notamment en Suisse et en Italie, sont encore loin d'absorber la puissance maximum, dont on pourrait disposer. On évalue à 600.000 chevaux la force qui peut être pratiquement mise en valeur dans la région suisse, et à peine le quart de ce chiffre se trouve actuellement atteint. En Italie, sur une puissance estimée à 2 millions 500.000 chevaux, 350.000 environ sont utilisés, et dans bien d'autres contrées tout reste à faire.

On peut donc affirmer qu'avec les sources existantes, il serait possible de distribuer l'énergie avec une économie réelle sur un territoire très étendu, et même à grande distance, grâce aux courants à haute tension. Plusieurs projets ont d'ailleurs été établis sur ce sujet et indiquent que la question de l'utilisation pratique de la houille blanche ou verte, encore à son aurore, est susceptible de prendre un immense développement, surtout dans les régions où les eaux courantes sont abondantes.

Il serait trop long de relater ici tout ce qui a déjà été réalisé comme transmission de force au loin pour les besoins des établissements industriels de grande importance, l'éclairage des villes, l'électrochimie, etc. Ces applications sont si nombreuses que certaines provinces favorisées par la circulation des eaux, sont plus avancées au point de vue électrotechnique que d'autres où l'industrie est cependant plus florissante. C'est le cas, notamment pour nos Alpes françaises, pour la vallée du Grésivaudan, où, grâce aux torrents et aux chutes captés dans les montagnes, les moindres bourgades sont dotées de l'éclairage électrique, et où de nombreuses usines peuvent fabriquer à bas prix une quantité de produits chimiques, tel que le carbure de calcium, le chlore, les matières colorantes, l'ozone, etc., grâce au coût infime de l'énergie électrique, forme ultime de la puissance vive des chutes provenant de la fonte des glaciers. Et à l'électrochimie qui nous émerveille par ses découvertes, ou tout au moins par ses innovations continuelles, vient s'ajouter l'électro-métallurgie qui permet de préparer l'aluminium, l'acier, les carbures métalliques et les alliages tels que le ferro-manganèse, le fer chromé, l'acier au tungstène, etc. Et combien il reste encore de découvertes à faire dans ce domaine à peine défriché !

Le matériel électro-mécanique des usines captant les puissances hydrauliques libres et les transformant en énergie électrique pour les divers besoins de la civilisation et de l'industrie, a été étudié dans ses moindres détails, et l'expérience a permis de l'améliorer peu à peu jusqu'à atteindre presque la perfection, le rendement de la puissance vive de l'eau en électricité attei-

gnant couramment 75 0/0 avec les groupes turbo-géné-
rateurs actuels, et sans jamais descendre au-dessous de
60 par les périodes des plus basses eaux.

Lorsque la hauteur de chute dépasse 80 à 100 mètres,
on préfère, ainsi que nous l'avons dit, à la turbine à axe
verticale genre Fourneyron ou Fontaine, la roue Pelton
à axe horizontal, que l'on munit d'un nombre d'ajutages d'admission variable. La génératrice d'électricité,
dynamo ou alternateur, est accouplée au moteur hydraulique par un manchon rigide ou élastique, et un régulateur de vitesse complète l'appareillage moteur-géné-
rateur.

Nous rappellerons ici quel est l'agencement de quelques-unes des installations hydro-électriques pour transmission d'énergie qui, par leur importance, méritent de
fixer l'attention.

Il nous faut citer en premier lieu l'utilisation des
chutes du Niagara, aux États-Unis, qui comporte la captation d'une puissance totale de 350.000 chevaux à peu
près complètement terminée maintenant.

Pour éviter de détruire en quoi que ce soit le point de
vue merveilleux des cataractes, on s'est décidé à prendre l'eau nécessaire à 2 kilomètres en amont des chutes
et à déverser ces eaux après usage. L'usine ainsi établie
au pied des chutes, à 2 kilomètres de la prise, reçoit
l'eau par un canal de 75 mètres de largeur à son origine
et 3 m. 60 de profondeur. Les turbines sont installées au
fond d'un puits de 45 mètres, et l'eau leur parvient par
des conduits en acier. Les arbres de transmission remontent à la surface du sol pour actionner les alternateurs.
A la fin de 1905, il y avait 20 turbines de 5.000 chevaux
installées, soit une puissance totale de 100.000 che-

vaux. Les alternateurs fournissent des courants triphasés à 2.400 volts de tension ; chacun d'eux pèse plus de 75 tonnes et la couronne portant les inducteurs mesure 3 m. 50 de diamètre.

Cette usine est l'une des plus puissantes du monde et elle ne sera dépassée que par la captation des chutes Victoria au Zambèze qui donneront, paraît-il, plus d'un million de chevaux.

Mais sans aller aussi loin que le Sud-Afrique, et pour rester dans des contrées plus civilisées, nous pouvons citer d'autres exemples, plus modestes, toutefois, d'usines hydro-électriques alimentant une agglomération industrielle ou une ville.

Sans quitter les Alpes françaises, rappelons l'une des premières installations faites par M. Bergès, celles des papeteries de Lancey, qui utilisent des eaux venant de 2.600 et 2.800 mètres d'altitude dans les montagnes, et qui assurent l'exploitation de plusieurs lignes de tramways électriques, entre autres celle de Grenoble à Chapareillan. L'usine génératrice située à Lancey, à 12 kilomètres de Grenoble, dispose d'eau sous pression de 45 atmosphères, traversant trois turbines fournissant chacune 350 chevaux à l'allure de 325 tours par minute. Chaque moteur hydraulique commande directement une génératrice donnant du courant électrique à 1200 volts. Ce courant est amené sur la ligne en trois points différents par trois groupes de deux feeders, et il est utilisé par les automotrices circulant sur la voie ferrée longeant cette ligne.

En Suisse, la Société des ateliers d'Oerlikon a installé un transport de force entre Bremgarten et Zurich. L'usine comprend quatre turbines doubles de 325 che-

vaux commandant chacune directement un alternateur
de 225 kilowatts, à la fréquence de 150 périodes par
seconde et sous une tension de 5.000 volts. Ces alternateurs pèsent 20 tonnes ; le diamètre de leurs inducteurs est de 3 m. 60, et la longueur de la ligne est de
18 kilomètres.

Lorsqu'il s'agit d'envoyer l'électricité à une grande
distance de son lieu de production on est bien obligé
de recourir à des tensions considérables, surtout s'il
s'agit d'une très grande puissance. Les Américains sont
très hardis en pareille matière, et les premiers ils ont
osé pousser les tensions aux chiffres extraordinaires
de 50.000 et même 60.000 volts, ce qui peut se faire
dans des climats extrêmement secs. En Europe on n'a
pas dépassé la moitié de ce chiffre. C'est ainsi que la
transmission de force organisée sur un trajet de 37 kilomètres pour amener la lumière à la ville de Côme (Italie), est au potentiel de 20.000 volts. Pour l'alimentation de la ville de Saragosse (Espagne) deux chutes
situées respectivement, l'une à 45, l'autre à 80 kilomètres,
et fournissant 4.000 et 5.000 chevaux, sont canalisées,
et l'électricité est envoyée à la tension de 30.000 volts.
Une chute de la Betznau, dans le canton d'Argoire
(Suisse), de 10.000 chevaux, a été captée et le courant est transmis à 60 kilomètres par une ligne au
potentiel de 25.000 volts. C'est à peu de chose près le
chiffre adopté à l'usine de Fure et Morge près de Grenoble, pour distribuer à une série de communes situées
dans un rayon maximum de 50 kilomètres, comme Voi-
ron et Moirans entre autres, la puissance de 7.000 chevaux développée par l'eau.

Une exploitation organisée sur la rivière la Cellina,

en Italie donne 13.000 chevaux et envoie le courant
électrique aux villes de Venise, Udine, Pordenone. La
longueur de la ligne atteint 70 kilomètres, et la tension est la même que dans le cas précédent, soit
26.000 volts.

Une usine analogue, remarquablement outillée, est
celle montée récemment sur la rivière Tennessee aux
États-Unis, à 20 kilomètres de Chattanooga, et qui n'a
pas coûté moins de 15 millions de francs. Elle alimente
la ville de Chattanooga qui compte plus de quatre cents
usines exigeant chacune une importante quantité de
puissance motrice.

Le Tennessee présente une largeur de 400 mètres au
point où l'on a dressé le barrage. La libre navigation a
été réservée par le creusement d'un canal qui se pro-
longe jusqu'à 5 kilomètres en aval de la ville ; c'était
là une condition imposée par les autorités fédérales
pour permettre l'édification de la digue. La construction de cette nouvelle usine de force motrice a doublé
le nombre des fabriques d'objets en fer manufacturé,
en laine et en coton. Quatorze moteurs électriques de
4.000 chevaux chacun (soit 56.000 chevaux au total) sont
actionnés par le courant envoyé de l'usine hydro-électrique et il reste une puissance équivalente pour l'éclairage de la ville et les autres applications de l'électricité. On fait grand, en Amérique !...

Pour revenir à nos pays d'Europe, mentionnons encore,
parmi les installations les plus récentes celle qui a été
exécutée en 1906 par la Société Anonyme Westinghouse
du Havre, sur la Sioule, rivière du département du
Puy-de-Dôme. Cette usine est destinée à alimenter
d'électricité la ville de Clermont-Ferrand, à 30 kilomè-

tres de distance, et la tension fixée pour le transport
de l'énergie est de 20.000 volts.

Le débit de la rivière est en moyenne de 4.500 mètres
cubes, bien que, par certaines crues, il puisse presque
décupler et atteindre 42.000 mètres cubes par minute.
Le barrage fournit une hauteur de chute de 25 mètres,
et une retenue d'eau forme un petit lac capable d'assurer les besoins du service pendant les périodes d'étiage.
L'usine hydro-électrique disposée sur une dérivation du
courant principal de la rivière contient une salle des
machines contenant 6 unités de 1200 chevaux dont une
de réserve.

Les turbines motrices sont à arbre horizontal, du
type « Francis » ; elles tournent à raison de 333 tours
par minute ; leur rendement à pleine admission est de
76 0/0, enfin elles sont accouplées directement avec des
alternateurs auxquels elles sont reliées par un man-
chonnage du système Zedel. Les constantes de ces groupes électrogènes sont celles-ci :

| | |
|---|---|
| Puissance. . . . . . . | 800 kilowatts |
| Nombre de phases . . . . | 3 (triphasé) |
| Fréquence des courants . . | 50 périodes |
| Nombre de pôles . . . . | 18 |
| Vitesse par minute. . . . | 333 tours |
| Différence de potentiel . . | 1000 volts |
| Rendement de l'alternateur. | 91 0/0 |

Les excitatrices sont des dynamos à courant continu,
à enroulement compound, d'une puissance de 50 kilowatts à la tension de 125 volts et la vitesse de 900 tours.

Le courant des alternateurs est envoyé dans les bobines d'une série de transformateurs Westinghouse, du

type que nous avons décrit au cours du chapitre sur les
*Transformateurs*, et de 1.000 volts à l'entrée, sa tension
est portée à 22.000 à la sortie. De même qu'il existe
un groupe électrogène de réserve, il y a un transformateur de rechange, que l'on intercale dans le circuit
en cas d'avarie à un appareil en service. L'installation
des barres de prise de courant et du départ de la ligne
aérienne a dû être l'objet de soins tout particuliers. Les
appareils et conducteurs traversés par le courant à
22.000 volts sont enfermés dans des bâches en ciment
qui les isolent parfaitement. Le tableau de distribution
du circuit de haute tension donne naissance au départ
de deux doubles lignes protégées par un interrupteur-
disjoncteur à maxima, avec rupture dans l'huile, et avec
des fusibles à rupture par leviers. Tous ces appareils
sont manœuvrés depuis une plate-forme isolée.

L'usine de la Sioule est reliée à la sous-station de
Clermont-Ferrand par une ligne aérienne de 30 kilomètres de longueur, formée de fils de 8 millimètres de
diamètre présentant un perte de 7 0/0 à pleine charge
en raison de leur résistance ohmique, et supportés par
des isolateurs double à triple cloche, en porcelaine
émaillée. Les cabines de transformation édifiées le
long de la ligne, dérivent une partie du courant à
22.000 volts circulant dans les fils et abaissent sa tension à 3.000 volts pour le distribuer dans un certain
périmètre.

La sous-station d'arrivée à Clermont comprend quatre groupes de trois transformateurs d'une puissance
de 375 kilowatts chacun, sur le circuit à haute tension
desquels sont branchés des interrupteurs-disjoncteurs.
La tension du courant est abaissée à leur sortie à

3.000 volts. Les circuits « lumière » et « force motrice »,
sont distincts sur le tableau de distribution qui possède,
en outre, des parafoudres Wurtz pour la protection des
machines et des lampes du réseau.

Telle est la disposition générale de cette usine hydro-
électrique récemment mise en service ainsi que nous le
disions plus haut, et où se trouvent rassemblés tous les
progrès acquis depuis vingt ans en matière de transport de l'énergie électrique et ayant pour but de procu-
rer le maximum de rendement avec la plus grande économie possible. Et pour montrer quels résultats pratiques
ont pu être atteints dans cette exploitation judicieuse-
ment calculée d'une force motrice naturelle, nous dirons
que le kilowatt-heure est vendu aux abonnés *quinze
centimes* seulement, avec tarif progressivement décroissant jusqu'à *cinq centimes* pour une consommation
journalière un peu forte. Il semble, en vérité, difficile
de faire mieux et de vendre l'énergie électrique meilleur marché tout en conservant une rémunération raisonnable aux capitaux engagés dans l'entreprise.

*Exploitation des stations centrales.* — Le choix du
tarif de vente de l'énergie électrique produite par une
usine centrale présente une importance capitale, et l'intérêt de la Société exploitante doit être de favoriser le
développement de la consommation de courant. Elle
doit donc, dans ce but, abaisser autant que faire se
peut le prix de vente, en même temps que pour lutter
plus efficacement contre les entreprises concurrentes et
les autres procédés d'éclairage et de force motrice.
Loin de nuire à ses intérêts, cette diminution lui atti-
rera une clientèle plus nombreuse, comme chaque fois
que vient à baisser le prix d'une chose de première uti-

lité. Mais il est certains principes qu'il ne faut pas cependant perdre de vue, et il peut y avoir intérêt à les rappeler ici.

1° Tout client doit être une source de profit.

Ce principe fondamental est la sauvegarde de l'usine ; en l'observant, on est certain que l'on ne sera jamais en perte, mais il y a plus : il ne faut jamais consentir à perdre sur un client quitte à se rattraper sur les autres. La chose n'est pas juste et de plus elle est préjudiciable aux intérêts de l'usine, car on éloigne, en agissant ainsi, tout une clientèle qui pourrait être avantageuse, étant traitée équitablement.

2° Tous les abonnés doivent profiter des prix réduits proportionnellement pour chacun d'eux au bénéfice qu'il rapporte à l'usine. Les conditions d'exploitation sont ainsi plus avantageuses pour l'usine.

Si le tarif de vente est établi d'une façon rationnelle, il n'y aucune raison d'accorder des prix réduits spéciaux à certaines applications particulières (chauffage, force motrice, etc.), car l'électricité ne coûte pas moins cher à fabriquer parce qu'elle est utilisée dans des moteurs ou des fourneaux de cuisine au lieu d'être utilisée dans des lampes. D'ailleurs, nous verrons plus loin que le tarif différentiel favorise les moteurs électriques, car ces appareils ont, en général, une grande durée d'utilisation ; il ne le favorise que pour cette seule raison, c'est-à-dire s'ils rapportent un bénéfice à l'usine.

3° Les meilleurs clients sont ceux qui maintiennent leurs lampes allumées, ou plus généralement, qui emploient leur puissance électrique pendant le plus grand nombre d'heures chaque année.

10

En effet, les dépenses d'une usine génératrice d'énergie électrique sont de deux sortes :

a) *Les charges fixes de l'usine ou ses dépenses d'immobilisation* qui comprennent : l'intérêt et l'amortissement du capital engagé, les impôts, assurances, les appointements des ingénieurs, une partie des salaires, des réparations, du charbon et du graissage, etc.

Elles dépendent de l'importance de l'usine, c'est-à-dire de la puissance maxima qu'elle doit fournir, et restent les mêmes quel que soit le nombre des kw-h. vendus par cette usine dans le courant de l'année.

b) *Les dépenses d'exploitation ou charges proportionnelles* qui dépendent du nombre de kw-h. vendus. Ce sont : une partie des dépenses en charbon, graissage, etc., une partie des salaires, réparations, etc.

Les dépenses d'exploitation sont en général assez faibles.

Un exemple emprunté à la réalité est le suivant :

Charges fixes par kw-h. de puissance maxima et par an . . . . . . . . . . 277 fr. (1)

Charges proportionnelles par kw-h. vendu.   0, 0862

Il en résulte que, étant donné une usine capable de fournir une puissance maxima déterminée, ses dépenses totales annuelles varient très peu, quel que soit le nombre des kw-h. produits ; par suite le prix de revient du

1. Les charges fixes par kw-h. de puissance maxima produite à l'usine sont de 420 francs par an. Mais comme tous les abonnés ne demandent pas leur courant maximum au même instant, l'usine peut faire face, avec un matériel donné, à une somme de demandes maxima supérieure à la puissance de ce matériel, et par conséquent les charges fixes par kw-ht de demande chez chaque abonné se trouvent réduites en proportion, soit pour le cas ci-dessus à 277 francs.

kw-h. diminue rapidement quand ce nombre augmente.

L'usine a donc tout intérêt, avec une puissance maxima donnée, à vendre le plus grand nombre possible de kw.-h., c'est-à-dire à augmenter la durée d'utilisation de son matériel.

Prenons comme exemple une autre usine plus petite, d'une puissance maxima de 400 kw-h., les charges fixes sont de 125,000 francs par an, c'est-à-dire de 350 francs par jour; ses dépenses d'exploitation sont de 10 centimes par kw-h.

Voyons comment varie le prix de revient du kw-h., avec la durée d'utilisation.

| Durée d'utilisation | Dépenses d'immobilisation | Dépenses d'exploitation | | Prix de revient du Kw-heure |
|---|---|---|---|---|
| 1/2 heure. . . | 350 fr. | 200 kw. | 20 fr. | 1 fr. 850 |
| 1 heure. . . | 350 fr. | 400 kw. | 40 fr. | 0 fr. 975 |
| 2 heures . . | 350 fr. | 800 kw. | 80 fr. | 0 fr. 538 |
| 10 heures . . | 350 fr. | 4000 kw. | 400 fr. | 0 fr. 188 |

Il résulte de ces considérations, que les meilleurs clients d'une usine d'électricité sont ceux qui utilisent le plus longuement leurs appareils ou, ce qui revient au même, qui consomment la plus grande quantité d'énergie, car ils font diminuer le prix de revient du kilowatt-heure.

4° La durée d'utilisation doit être rapportée au nombre de lampes *allumées simultanément* et non pas au nombre total de *lampes installées*. Ce principe trop souvent méconnu est cependant essentiel. En effet, il n'en coûte pas un centime de plus à l'usine qu'un abonné consomme une quantité d'électricité déterminée soit dans une seule lampe soit dans plusieurs qu'il allume ou éteint suivant ses besoins, mais à tour de rôle, de façon qu'il n'y ait jamais plus d'une lampe d'allumée à la fois. Mais si deux, trois, etc, lampes sont allumées ensemble, il est clair que la consommation totale sera accrue.

D'autre part, si l'on accorde un rabais à un client en se basant sur la durée d'utilisation rapportée au nombre total de lampes installées, ce client tendra forcément à ne conserver que les lampes qu'il maintient le plus longtemps en fonction, afin d'obtenir de forts rabais. Il fera supprimer toutes les autres, et l'usine perdra une vente certaine de courant, et comme d'un autre côté, l'abonné n'allumera presque jamais toutes ses lampes simultanément dans toutes les pièces de son appartement, l'usine diminue de la sorte l'utilisation de son matériel. Le prix de revient du kilowatt-heure, pour toutes ces raisons, se trouve donc sensiblement augmenté.

On voit par ces considérations que la station centrale a un intérêt primordial à connaître la durée d'utilisation du courant chez chaque abonné, rapportée au nombre de lampes allumées simultanément. Le meilleur moyen consiste à placer chez l'abonné, outre le compteur ordinaire indiquant le nombre de kilowatts consommés, un appareil indiquant le nombre maximum de lampes allumées simultanément, ou, ce qui revient au même, le maximum de puissance employé. Cet appareil est l'indicateur à maximum de Wright, appelé aussi *indicateur de rabais*. Le chiffre quotidien du nombre de kilowatts-heure consommés par la puissance maximum en kilowatts, représente un certain nombre d'heures qui n'est autre que la durée d'utilisation que l'on cherche à connaître.

C'est en procédant d'après ces principes que les stations centrales d'électricité parviendront à réaliser de beaux bénéfices et à rémunérer convenablement les capitaux engagés dans leur exploitation. Ce n'est que dans des circonstances particulières que l'on traitera *à forfait* avec l'abonné, mais en se basant cependant toujours sur les données générales qui viennent d'être rapidement exposées ici.

# CHAPITRE VII

## LE TRANSPORT DE L'ÉNERGIE PAR L'ÉLECTRICITÉ

Il nous semble inutile de revenir ici sur l'historique des débuts du transport de l'énergie par l'électricité, que nous avons succinctement retracé au cours de notre premier chapitre. Qu'il nous suffise de rappeler que les premières transmissions de force ont été faites à l'aide de courant continu à l'aide de dynamos Gramme de modèle ordinaire ou modifié pour augmenter la tension du courant, et que les expériences remontent à 1882 et sont dues à M. Marcel Deprez. Les premières applications des courants alternatifs simples dans le même but sont de date plus récente, et c'est en Amérique et en Allemagne qu'elles furent pour la première fois réalisées en 1889, à l'aide de moteurs électriques synchrones, mais on était obligé d'avoir recours à divers artifices et à certaines complications pour assurer le démarrage, ce qui était un sérieux inconvénient. Enfin la découverte des champs magnétiques tournants et les retentissantes expériences de Francfort en 1891, où l'on parvint à transporter une puissance de 100 kilowatts à 175 kilomètres de distance avec un rendement très satisfaisant, arrêta net le développement des courants alternatifs simples pour la transmission de l'énergie, et laissa le champ

libre désormais aux courants alternatifs polyphasés
actionnant des moteurs asynchrones.

Nous examinerons donc, dans ce chapitre, la question
du transport de la force motrice par les deux seules
méthodes restant en usage : le courant continu et les
courants polyphasés.

### COURANT CONTINU

Dans le transport électrique de la force ou du travail,
non plus d'ailleurs que dans n'importe quel autre cas,
nous ne créons rien : nous ne faisons que recueillir un
travail né d'un déplacement quelconque d'énergie, et
nous ne pouvons recueillir qu'une quantité de travail
égale au plus à la quantité dépensée, laquelle doit pouvoir se mesurer. C'est, en effet, ce que l'on sait faire
pour les courants électriques. Si l'on désigne par E la
force électromotrice qui fait naître ce courant et I l'intensité circulant dans la conduite, la quantité d'énergie
totale engendrée par ce courant est représentée et mesurée par le produit E I, produit désigné par la lettre $W$.
On sait, — nous avons déjà eu l'occasion de l'expliquer
à plusieurs reprises, — que, dans la pratique, la grandeur E s'évalue et se mesure en *volts*, la grandeur I en
*ampères*, et le produit W en *watts*, N'y revenons plus.
Si donc nous cherchons à convertir ce produit W en
un travail mécanique représenté par la lettre T ; si la
transformation était complète et atteignît 100 p. 100,
nous devrions recueillir en travail toute l'énergie du
courant, et l'on pourrait écrire $W = T$.

Malheureusement cette équation est irréalisable, car

il existe un élément dont nous n'avons pas tenu
compte : c'est celui représentant le lien réunissant les
deux termes. Pour avoir un courant électrique, il faut
un corps conducteur pour le porter, surtout quand il y
a transport, puisqu'il s'agit de le mener au loin, et l'on
sait que tout corps conducteur oppose une certaine
résistance à la propagation de l'électricité.

Cette résistance se manifeste toujours par la production d'une certaine quantité de chaleur appelée *effet
Joule*, et se mesurant comme suit : Si nous appelons R
la résistance que l'électricité doit surmonter et I l'intensité du courant, la chaleur totale engendrée sera
représentée par le produit $RI^2$ ($I^2$ étant, comme on sait,
le *carré* de I, c'est-à-dire le chiffre exprimé en ampères
et multiplié par lui-même). Cette chaleur produite l'est
aux dépens de l'énergie engendrée par le courant, et
notre équation, pour être complète, devra s'écrire :
$$W = RI^2 + T.$$

. On se rend compte aussitôt que le terme $RI^2$ s'introduit là au détriment du facteur T; pour nous il représente une perte, et si nous ne pouvons le supprimer
entièrement, il faut s'efforcer de le réduire au minimum.
Le premier moyen qui se présente à l'esprit est de
réduire R. En entrant dans le détail, nous verrons que
ce facteur se compose de trois parties : la première, qui
frappe immédiatement l'esprit, c'est le conducteur
métallique qui réunit la station de départ à celle d'arrivée, la machine génératrice à la réceptrice, et on se
trouve tout de suite limité dans la possibilité de réduire
sa résistance pour des questions d'économie, la section
du conducteur étant fonction de I, et devant d'être d'autant plus grande que ce facteur représente un chiffre

plus élevé. On trouve donc bien vite une limite à laquelle on est obligé de s'arrêter pour ne pas avoir des câbles trop gros, trop pesants et surtout trop coûteux. Les deux autres parties de R, qui sont moins visibles, sont dans les machines elles-mêmes, dont les enroulements sont formés de fils présentant eux aussi une certaine résistance, qui ne peut, elle non plus, être abaissée au-dessous d'une certaine valeur.

Après avoir diminué l'importance de R, il reste encore un moyen de diminuer le produit RI², et qui consiste à diminuer I. On le peut sans doute, mais il faut observer une condition, c'est de ne pas toucher au produit W, formé de E et de I, et qui est la quantité d'énergie dont on dispose. Il ne nous sera donc permis d'abaisser I qu'à la condition d'augmenter proportionnellement E, afin que W ne diminue pas. D'où nous voyons, en défi-nitive, que pour réaliser un transport d'électricité éco-nomique, il faudra absolument n'employer que des courants de faible intensité mais de tension élevée. Voilà un premier point d'acquis.

Il est possible d'aller plus loin dans l'étude de ces phénomènes. Lorsqu'on réunit par un conducteur deux machines dont l'une produit du courant que l'autre reçoit et transforme en mouvement, le conducteur inter-médiaire est parcouru par un courant d'autant plus intense que le travail effectué par la réceptrice est plus considérable et que celle-ci se trouve plus ralentie dans son mouvement par l'effort extérieur à vaincre. Cette intensité diminue à mesure que son travail se restreint, et en même temps la vitesse s'accroît jusqu'à égaler celle de la génératrice lorsque la réceptrice tourne à vide. Nous devons donc considérer cette dernière ma-

chine comme une productrice d'électricité travaillant
sur le même circuit que l'autre mais en sens contraire ;
c'est pourquoi elle crée pendant son fonctionnement
une force *contre-électromotrice*, que l'on désigne par *e*.
La quantité de travail que la réceptrice sera susceptible
de fournir sera donc exprimée par la relation *e*I, correspondant à la valeur — que nous avons désignée jusqu'ici par T. Notre équation aura donc finalement la
forme complète : $EI = RI^2 + eI$.

Le rapport entre l'énergie récupérée et l'énergie totale
produite est, on le sait ce qu'on appelle le *rendement*
électrique d'un moteur, chiffre qui diffère toujours plus
ou moins du *rendement industriel*, lequel dépend de la
plus ou moins bonne construction des machines, des
résistances passives, frottements, échauffement dans les
enroulements par l'influence des courants parasitaires,
du magnétisme rémanent, etc. Dans ce chiffre n'inter-
vient nullement la question de la résistance du conducteur réunissant les machines, par conséquent la distance
du transport.

Ces diverses expressions, sur lesquelles nous avons
bien été forcé de revenir, pour la clarté et la compré-
hension de ce qui va suivre, sont ce que l'on pourrait
appeler les équations fondamentales du transport de la
force sous forme de courant électrique. Pour obtenir en
kilogrammètres les unités électriques, il suffit, comme
on sait, de diviser les produits E I ou *e* I qui représentent la puissance électrique W, par le chiffre 9, 81, qui
est un coefficient basé sur des grandeurs physiques.

A l'époque où furent tentés les premiers essais de
transmission de l'énergie, on ne disposait, comme génératrices, que des premiers modèles de dynamos Gramme

du type dit *d'atelier* lequel ne pouvait donner des tensions supérieures à 100 volts. L'étude théorique du
problème ayant démontré que la condition primordiale d'un transport de force était de procéder sous le
potentiel le plus élevé possible, on étudia les moyens
d'élever la tension du courant des dynamos, et c'est
ainsi, qu'en prenant des précautions spéciales pour
l'isolement des enroulements, M. Deprez put établir,
pour ses expériences de Creil-Paris, des machines à
courant continu fonctionnant normalement sous un
voltage de 6500 volts. Malheureusement ces machines
étaient, en raison de leurs complications, d'un prix
excessif rendant leur usage industriel prohibitif. C'est
alors que, pour démontrer la possibilité d'atteindre les
mêmes résultats, obtenus à grands frais par M. Deprez,
et cependant en employant simplement le nouveau
matériel existant, que M. Hippolyte Fontaine, adminis-
trateur de la Société Gramme, accoupla en série quatre
machines Gramme, donnant une tension de 1.500 volts,
de façon à vaincre la résistance de 97 ohms qui était
celle de la ligne reliant la génératrice à la réceptrice
dans les expériences de Creil qui avaient attiré l'attention
de tous les électriciens. Mais bien que la démonstration
eût été probante, les hautes tensions furent rarement
employées avec le courant continu, et on dépassa rarement 1.500 à 1.800 volts. La distance de la distribution
se trouvait donc limitée, en fait, à un petit nombre de
kilomètres, et c'est justement pour l'augmenter, qu'on
chercha, le courant continu ne se prêtant que difficile-
ment aux hautes tensions, à utiliser les courants alternatifs, la reversibilité des alternateurs existant exactement comme celle des dynamos.

Aujourd'hui, le courant continu est encore très en faveur, aussi bien pour les usages à poste fixe que pour la traction, mais lorsque le lieu de production est très éloigné du centre d'utilisation, on scinde le problème en deux parties : premièrement le transport proprement dit de l'énergie, à pied d'œuvre, pour ainsi dire, deuxièmement la distribution, qui peut s'opérer ainsi que nous l'avons montré au chapitre V, sous la forme la plus convenable, avec la tension considérée comme la meilleure pour les appareils alimentés.

Le problème se trouve donc bien simplifié désormais, grâce à la facilité de transformation que présentent les courants alternatifs, lesquels sont convertis en courant continu dans des sous-stations reliées d'une part à l'usine génératrice, d'autre part au réseau de distribution.

Suivant que les facteurs de la transmission E et I sont constants ou variables, on peut diviser les procédés de transport de force par courant continu en trois catégories :

1° Transport à potentiel constant ;
2°     —     à intensité constante;
3°     —     à potentiel et à intensité variables.

Le premier de ces systèmes constitue un cas particulier de la distribution à potentiel constant, car il permet l'emploi simultané de plusieurs moteurs. Suivant le genre d'application qu'il s'agit de réaliser, on fait usage, soit de moteurs excités en série (tramways, appareils de levage et de manutention), soit de moteurs *shunt*, c'est-à-dire excités en dérivation (usines, commande de machines à vitesse constante), soit encore de moteurs à double enroulement ou *compound*, pour les cas où la vitesse angulaire doit être maintenue rigoureusement constante à toutes les charges. Dans ce dernier système, l'enroulement en série produit un flux magnétique de sens inverse à celui produit par l'enroulement en dérivation. Mais nous devons dire que ce procédé est assez peu usité maintenant, car on le remplace avec avantage par l'emploi des courants polyphasés qui permettent également l'utilisation simultanée de la puissance en un nombre quelconque de points.

Le procédé de transmission à intensité constante convient particulièrement dans toutes les circonstances où plusieurs points de production et d'utilisation sont disséminés dans une région et réunis sur un même réseau formant une boucle complète, les génératrices et les réceptrices étant alternativement intercalées. On peut alors recourir à l'usage de forces électromotrices dont la somme totale est très élevée sans que la différence de potentiel entre la terre et un point quelconque du circuit soit de beaucoup aussi grande, ces moteurs produisant des chutes brusques de potentiel. Le couplage des génératrices sur le réseau permet de n'en mettre en activité à chaque instant que le nombre juste nécessaire au service, la force électromotrice de chaque génératrice étant limitée à 3500 volts chiffre fixé par la pratique industrielle actuelle. Ce procédé a été imaginé par M. Thury en 1889.

Afin de maintenir l'intensité constante, on agit sur les génératrices à l'aide des rhéostats de champ magnétique ou sur le calage des balais, pour les dynamos auto-excitatrices, ou sur l'excitatrice si elles sont à excitation indépendante. Si ces dynamos sont à vitesse variable, le réglage se fait à la main, ou automatique-

ment, par unités ou par groupes. En ce qui concerne le
réglage des moteurs, ceux-ci se trouvant en court-circuit pendant l'arrêt, on les met en marche en ouvrant
le court-circuit, et ils prennent graduellement leur vitesse. Quand on veut arrêter des moteurs d'une certaine
puissance, on shunte progressivement par un rhéostat
jusqu'au court-circuit. Le réglage s'obtient en agissant sur le champ magnétique au moyen de résistances
diminuant l'excitation, par un décalage de ce champ
ou par le montage de couples secondaires en dérivation
sur les balais. Ce dispositif convient plutôt aux petits
moteurs: il supprime tout réglage automatique, le courant total se partageant entre le moteur et les accumulateurs, suivant que le moteur est plus ou moins chargé.

Les intensités adoptées avec ce système varient en raison du nombre d'unités en service de leur puissance individuelle, de la longueur de la boucle de distribution, etc.
Les chiffres sont très variables et vont de 30 jusqu'à
250 ampères. Les avantages de ce procédé sont le rendement qui est maximum à la pleine charge, l'emploi
qui est fait de moteurs enroulés en série et la présence
d'une ligne unique ne présentant pas de danger de
court-circuit, ce qui permet d'atteindre les plus extrêmes limites du potentiel compatibles avec l'isolement
de la ligne, c'est-à-dire 50,000 et même 60,000 volts
actuellement. Ce soin extrême d'isolement des différents centres de production et d'utilisation, des machines et de la ligne, ainsi que la plus grande complexité
du réglage constituent les seuls inconvénients de ce
genre de distribution.

Le troisième procédé, la transmission à force électromotrice et intensité variables, est basé sur les proprié-

tés inhérentes à deux dynamos enroulées en série et couplées en tension sur une ligne. Si l'une d'elles est commandée par un moteur à vitesse constante, elle actionnera l'autre comme moteur à vitesse sensiblement constante, quelle que soit la charge, puisque l'intensité et la tension varient avec la charge du moteur.

Diverses installations basées sur ce principe ont été exécutées dès 1887 par M. Brown à Soleure, et en 1889, à Domène par M. Hillairet. Mais là encore, le développement subit pris par les courants polyphasés qui réalisent facilement le même programme, a arrêté l'extension qu'aurait pu prendre ce procédé.

En général, lorsqu'il s'agit d'un transport d'énergie sous de haute tension, ce qui est toujours le cas, on ne fait pas usage de dynamos enroulées en dérivation ; on adopte l'excitation en série ou l'excitation indépendante, car ce genre de moteurs présentent l'avantage de pouvoir tourner à une vitesse parfaitement réglée, quel que soit le débit de la génératrice. Quelquefois, dans le but d'éviter l'usage de la haute tension dans les bobines des électros, on préfère recourir à l'excitation séparée à l'aide d'une petite dynamo spéciale montée dans le prolongement de l'axe de la dynamo principale. A la station d'arrivée, l'alimentation des inducteurs du moteur électrique constitue alors une difficulté : souvent l'excitatrice est reliée au moteur et, en marche normale, entraînée par celui-ci, mais au démarrage, il faut recourir à certains artifices, par exemple au courant d'une batterie d'accumulateurs chargée par l'excitatrice pendant la marche. Le démarrage une fois obtenu, on ferme le circuit de la petite dynamo sur les électros du moteur et le système devient auto-excitateur. On peut encore opérer comme M. Marcel Deprez l'a indiqué : le courant de la ligne est envoyé dans l'induit et dans les inducteurs du moteur pour le démarrage pendant que le circuit de l'excitatrice est fermé sur une résistance égale à celle des inducteurs. Dès que la marche normale est atteinte, on substitue, par la manœuvre d'un commutateur, les bobines des électros à la résistance, et l'alimentation de ces électros se continue.

Afin de donner des données numériques permettant de fixer dans l'idée les différentes valeurs mises en jeu dans un transport d'énergie par courant continu, nous nous bornerons à donner ici comme exemple les chiffres relevés dans l'installation faite à Soleure en Suisse par M. Brown, à l'aide d'une chute d'eau capable de développer de 30 à 50 chevaux et actionnant une turbine qui entraînait deux dynamos accouplées en série afin d'opérer le transport au plus haut potentiel possible.

La puissance mesurée au frein, sur l'arbre de la turbine était, dans l'une des expériences, de 30 chevaux 8, soit 22 kilowatts. Les dynamos génératrices couplées en série présentaient entre leurs bornes une différence de potentiel de 1753 volts et le débit était de 11 ampères 5 ; la puissance confiée à la ligne était donc de $1.753 \times 11,5 = 20.160$ watts, soit pour le rendement industriel de ces dynamos $\dfrac{20.160}{22.010} = 88,5$ p. 0/0. Le courant, transmis à 8 kilomètres de distance par une ligne formée de trois fils de cuivre nus de 6 millimètres de diamètre, devait, par conséquent, vaincre une résistance de 9 ohms environ ; les conducteurs étaient supportés sur leur trajet par 180 isolateurs à l'huile.

Le courant mesuré à la station d'arrivée avait une intensité de 11 ampères 4; le voltage, aux bornes de la réceptrice était de 1.656 volts; la puissance absorbée par cette machine était donc de $1656 \times 11,4 = 18.910$ watts, ce qui donne à la ligne un rendement de $\dfrac{18.910}{20.160} = 0,94$ soit 94 0/0. Enfin la puissance mécanique, mesurée au frein sur l'arbre de la réceptrice était de 23 chevaux, soit 17.080 watts. Le rendement de la réceptrice était donc de $\dfrac{17.080}{18.910} = 0,903$, soit 90,3 0/0.

Le rendement le plus intéressant à connaître au point de vue économique est le rendement total de la transmission, entre l'arbre de la turbine motrice et celui de la réceptrice. Il s'exprime par le quotient du travail recueilli : 23 chevaux 2 et du travail dépensé : 30,8 soit $\dfrac{23,2}{30,8} = 0,752$, ou 75 0/0. C'est, comme on a pu s'en rendre compte, le produit de trois rendements successifs : de la génératrice, de la ligne et de la réceptrice, et il montre ce qui peut être obtenu à l'aide du courant continu.

### COURANTS ALTERNATIFS

L'économie résultant de l'emploi de ces courants est due à leur facilité de transformation à l'aide des transformateurs statiques dont nous avons parlé, et qui, à pleine charge, ont un rendement très élevé. On peut donc atteindre aisément des tensions très élevées, que l'on prend, pour plus de sécurité, la précaution de localiser sur la ligne de transport. Celle-ci peut donc être constituée par des conducteurs de diamètre restreint, par suite de prix raisonnable, ce qui ne grève pas trop le prix global d'une installation.

Tout d'abord, de 1888 à 1893, on a réalisé quelques transmissions à distance avec des courants alternatifs simples alimentant à l'arrivée des moteurs synchrones dont le démarrage était obtenu par divers procédés, le plus souvent, à l'aide du courant d'une petite batterie d'accumulateurs, ou par le déphasage momentané du courant de la ligne. Avec le développement des courants alternatifs polyphasés, on a renoncé à l'usage des moteurs synchrones; ceux-ci sont donc souvent remplacés maintenant par des moteurs à champ tournant qui peuvent démarrer à vide s'ils sont synchrones, et même sous charge, s'ils sont asynchrones.

Dans l'état actuel de la question des moteurs à courants alternatifs, on préfère donc les courants polyphasés aux courants monophasés. Les génératrices sont ordinairement des unités très puissantes et à rendement élevé: les types de 1000 chevaux sont fréquents: ceux des chutes du Niagara développent 5.000 chevaux, et on en a établi de 10.000. Presque dans tous les cas, on emploie le courant à trois phases.

La disposition qui est donnée à ce genre d'alternateur a été décrite déjà en détail au chapitre III, nous croyons inutile d'y revenir. Le plus ordinairement, quand l'énergie est empruntée à une chute d'eau, les machines sont à accouplement direct, et l'arbre de la génératrice fait suite à celui de la turbine, qui est disposé verticalement ou horizontalement.

Les courants développés, ordinairement sous une

tension très élevée, sont envoyés sur la ligne, et parviennent ainsi à la station d'arrivée où ils doivent traverser les circuits d'un transformateur ramenant la tension au chiffre normal pour l'utilisation. Cependant certains types de moteurs à champ tournant sont construits pour fonctionner à haut voltage, et dans ce cas le transformateur devient inutile.

La première installation sérieuse de transport d'énergie par courants triphasés est celle exécutée en 1891 entre Laufen et Francfort et qui attira l'attention de tous les électriciens car elle s'écartait de toutes les données admises jusqu'alors en pareille matière. Il s'agissait d'utiliser une chute d'eau du Neckar ; la puissance disponible, mesurée sur l'axe de la turbine, variait de 78 à 195 chevaux. L'alternateur triphasé, mis en mouvement, engendrait à son tour une puissance variant dans les mêmes conditions, de 66 à 185 chevaux, c'est-à-dire, dans ce dernier cas, un courant dont l'intensité atteignait 1400 ampères, avec une différence de potentiel de 50 à 56 volts entre chaque pont. Le rendement maximum de cette machine était compris entre 84 et 93 0/0 de la force qui lui était transmise.

Un transformateur de départ élevait la tension dans le rapport de 1 à 160 avec un rendement atteignant 96 0/0. C'est sous une différence de potentiel de plus de 15.000 volts que s'opérait le transport par une ligne de 175 kilomètres de longueur, dont la résistance totale était de 300 ohms et n'absorbait cependant qu'une fraction de l'énergie transmise. A l'arrivée, à Francfort, le courant traversait les spires de transformateurs secondaires ramenant la tension de 15.000 à 100 volts, ce dernier chiffre correspondant à celui demandé pour l'alimentation des lampes. On recueillait une partie du travail de la chute d'eau transformée en électricité par l'alternateur triphasé, et qui était comprise entre 78 et 83 0/0. Cette quantité d'énergie, comparée à celle que l'on mesurait sur l'arbre de la turbine, démontrait que le rendement industriel de la transmission oscillait entre 68,5 et 75 0/0 ce qui constitue à tous égards un résultat très satisfaisant.

Depuis l'année 1894, réserve faite du système Thury à intensité constante dont nous avons parlé, toutes les transmissions importantes d'énergie se font d'après les principes qui viennent d'être exposés. On a adopté de préférence les courants triphasés en raison des propriétés particulières de ces courants qui permettent l'usage des moteurs synchrones démarrant à vide, de moteurs synchrones démarrant sous charge, et de commutatrices ou transformateurs dimorphiques permettant la transformation facile et économique des courants triphasés en courant continu, les trois utilisateurs pouvant être desservis simultanément et indépendamment par la même canalisation. La transmission s'opère toujours à potentiel constant, avec des fréquences variant entre 25 et 60 périodes par seconde et des tensions ayant atteint, dans certaines installations, 40.000 volts. D'ailleurs les tensions de 30.000 volts entre deux fils sont aujourd'hui d'un usage courant, et, comme nous l'avons montré dans le précédent chapitre, quelques transports d'énergie récents fonctionnent normalement aux potentiels de 22, 26, 30 et même 45.000 volts. Toutefois les fils aériens devenant lumineux à 55.000 ou 60.000 volts et dissipant ainsi une puissance très appréciable, il ne semble pas que l'on puisse, dans la pratique dépasser ce dernier

chiffre avec les transmissions par lignes aériennes. Voici
d'ailleurs, d'après M. Hospitalier (*Formulaire*), quelques indications générales relatives justement à la pratique de ces transmissions à haute tension.

Le chiffre 25 est adopté pour la fréquence quand on
utilise la transmission pour la force motrice et que
l'éclairage est distribué par des commutatrices ; on
emploie la fréquence 40 pour l'éclairage direct par arc
sur transformateurs sans commutatrices. La fréquence
60, très usitée en Amérique, peut servir pour les transmissions dans lesquelles l'éclairage et la force motrice
ont à peu près la même importance, mais le couplage
en parallèle est plus difficile qu'avec les fréquences
25 et 40, et les dynamos multipolaires de ce genre, à
allure lente, sont très coûteuses. Enfin les pertes de
charge dans les longues lignes, dues à l'inductance, sont
plus élevées.

Pour la tension, il est avantageux, dans les grandes
villes, d'avoir des valeurs uniformes, de même que pour
les fréquences, de façon à permettre éventuellement
l'échange de l'énergie produite par différentes usines. A
Paris, ce sont les fréquences 42 (secteurs des Champs-
Elysées et de la Rive-Gauche), et 25 (Saint-Denis), avec
une tension efficace de 5.000 volts (tension composée),
qui sont adoptées pour les courants triphasés. Quand
les lignes comportent des parties souterraines, il n'est
pas prudent de dépasser ces chiffres ; cependant, à
New-York, c'est la tension de 6.600 volts qui règne sur
tous les réseaux souterrains à haute tension. Avec des
réseaux aériens, on peut monter à 20.000, 25.000 volts
et au-delà. On a établi des alternateurs triphasés fournissant jusqu'à 15.000 volts efficaces à pleine charge.

Pour des tensions plus élevées, il est préférable d'engendrer l'énergie électrique à une tension plus basse, et à effectuer la transformation au départ ; on dispose tout l'appareillage de manœuvre et de sécurité : interrupteurs, coupe-circuits, appareils de mesure, sur le circuit primaire.

Le couplage différent des enroulements des transformateurs triphasés, en étoile ou en triangle, donne le moyen de modifier suivant les applications en vue, la tension du courant. Pour l'éclairage, il est avantageux de coupler les secondaires en étoile et de brancher les foyers entre le fil neutre et chacun des trois autres fils. Le transport de l'énergie par courants triphasés permet de réaliser facilement des courants hexaphasés plus favorables au bon fonctionnement des commutatrices, par une simple modification aux enroulements secondaires.

En ce qui concerne le réglage, dans le cas de hautes tensions et de longues lignes, il n'est pas possible de l'opérer sur le circuit primaire ; on règle donc la tension secondaire, soit en produisant une tension primaire trop élevée et en la réduisant par des bobines à réactance variable, soit au moyen de survolteurs triphasés pouvant jouer en même temps le rôle contraire de dévolteurs. Les bobines de réactance sont utilisées de préférence pour le réglage des commutatrices ; leur présence entraîne un déphasage du courant sur la tension fournie à l'ensemble, déphasage qui peut être compensé par une surexcitation convenable des commutatrices.

L'usage des moteurs asynchrones, dans les transports d'énergie par courants triphasés, tend à se substituer aux autres systèmes, sans doute à cause de leur grande simplicité, de leur facilité de démarrage, et de leur

vitesse sensiblement constante, malgré la charge extérieure. Leur seul défaut sérieux réside dans leur facteur
de puissance, qui varie de 0,8 à 0,9 et qui réagit sur
les alternateurs pour abaisser la tension. Les moteurs
synchrones, eux, ne démarrent qu'à vide, mais ils ont
une vitesse angulaire constante, un rendement un peu
supérieur à puissance égale, et un facteur de puissance
qui peut être ramené à l'unité pour toutes les charges.
On peut les mettre en route à vide en ouvrant l'excitation
et en établissant une tension réduite aux bornes de l'induit, ou produire un champ tournant par l'action des
courants de Foucault et de l'hystérésis des pièces
polaires. On opère l'accrochage et on rétablit l'excitation
quand le synchronisme est atteint.

Nous arrêterons ici cette étude du choix qui peut être
fait du meilleur type de moteur pour une application
déterminée, en faisant simplement remarquer en termi-
nant, que la question, qui paraît fort complexe, dès
l'abord, du transport de l'énergie sous forme de courant
électrique de haute tension, s'est bien simplifiée et bien
éclaircie depuis quelques années, si bien que rien n'est
plus aisé que d'établir le calcul d'une ligne de transmission, ainsi que d'établir un choix judicieux parmi les
divers modèles de moteurs électriques, synchrones ou
asynchrones, que les constructeurs ont établis pour
répondre à toutes les conditions qui peuvent se rencontrer dans la pratique. Et c'est cette simplification même
d'un problème tout d'abord très ardu, qui permet de
compter sur l'extension indéfinie de ces procédés de
captation et de transmission de la force, pour le plus
grand avantage de l'industrie et du travail.

# CHAPITRE VIII

## LA COMMANDE ÉLECTRIQUE DES MACHINES

Nous avons étudié en détail et sous toutes ses faces le problème de la captation de l'énergie, de sa transformation en électricité, et de son transport jusqu'au point où cette énergie doit être utilisée sous forme de travail mécanique ou d'éclairage.

Dans le présent chapitre, nous nous occuperons des applications qui ont été réalisées à la commande des machines industrielles de toute espèce.

Si l'on met de côté tout ce qui se rapporte à la locomotion, et que nous aurons le loisir de passer en revue en détail dans le volume suivant de cette même collection, on verra que les applications de l'énergie électrique aux divers besoins de l'industrie moderne sont encore extrêmement nombreuses, et qu'elles se sont d'ailleurs multipliées au cours de ces derniers temps, en raison de la plus grande facilité que l'on a de produire économiquement l'énergie primaire, ou de capter les sources de puissance que la nature nous offre gratuitement. On sait maintenant quelles sont les méthodes les plus rationnelles qu'il convient de mettre en pratique pour engendrer le courant, l'envoyer à toute distance de la station génératrice, et le distribuer ensuite à un réseau alimentant une agglomération industrielle, avec autant d'économie que si l'on produisait ce courant sur place, au fur et à mesure des besoins. La commande des machines par moteurs électriques présente d'incontestables avantages, sur les autres systèmes, aussi conçoit-on que l'on préfère ce procédé à celui de la transmission purement cinématique par arbres rigides, poulies ou cônes et courroies, dans toutes les circonstances où la commande directe est réalisable. Les dernières Expositions, notamment celle de Liège en 1905, nous ont montré de nombreux spécimens de machines ainsi actionnées par des électromoteurs alimentés de courant continu ou de courants alternatifs, et telles que les machines-outils à travailler les métaux: tours, fraiseuses, raboteuses, perceuses, les appareils de levage : grues, monte-charges, ponts roulants, cabestans, treuils ascenseurs, plans inclinés, et les machines à imprimer, à tisser, les ventilateurs, etc.

Le choix du courant, en pareille matière, est déterminé par les circonstances, et tandis que le courant continu est rigoureusement indiqué dans un cas donné, il faudra recourir, dans une autre situation, aux courants alternatifs polyphasés. Ainsi, quand il s'agit d'une distribution peu étendue, le continu pourra être employé, tandis qu'il faudra s'adresser aux courants polyphasés, au triphasé de préférence, lorsque la station génératrice se trouvera à plusieurs kilomètres du centre à desservir. Ce choix une fois arrêté, on aura encore à déterminer le genre de moteurs à employer : en série, en dérivation, ou à excitation composée. Les premiers sont robustes et présentent au démarrage un couple énergique, ce qui peut être fort utile ; les autres permettent un réglage plus facile de la vitesse, suivant le cas on adoptera donc les uns ou les autres.

Quand la force à transmettre est peu considérable, par exemple, un cheval environ, la vitesse de rotation est très grande, supérieure à ce que demande l'outil ou la machine à actionner. Force est donc de recourir à un train d'engrenages réducteur pour mettre cette vitesse en harmonie avec celle de l'appareil commandé.

Dans le cas d'une distribution peu étendue, les électromoteurs peuvent être groupés en quantité ou en série, ainsi que cela a été expliqué en détail dans le précédent chapitre. Ce dernier procédé est préférable lorsque la zone est étendue, mais chaque moteur doit alors être pourvu d'un dispositif le mettant en court-circuit dès que la tension entre ses bornes dépasse une certaine limite. Ce dispositif automatique, souvent appelé *by-pass*, est un électro commandant la mise en court-circuit, et qui est alimenté par une dérivation prise sur les bornes du moteur lui-même.

Le plus souvent, chaque machine qu'il s'agit de conduire n'est pas munie d'un moteur individuel, on en réunit plusieurs, que l'on entraîne au moyen d'une transmission recevant elle-même son mouvement d'un électromoteur général. Alors la vitesse, variable pour chaque unité de travail, peut être modifiée par des cônes de poulies de diamètre convenable.

Chaque fois que la région à desservir occupe une grande superficie, on fait usage, non pas de courant continu, mais de courants polyphasés, et de préférence de courants triphasés. Il est facile, dans ce cas, de maintenir entre les fils de la ligne, une tension très élevée, que l'on peut d'ailleurs réduire à chaque moteur. En raison de leurs propriétés particulières, les moteurs à champ tournant s'imposent, alors même que le réseau ne serait pas d'extrême étendue, car ils présentent une grande simplicité de construction et n'exigent presque aucun entretien. Ils donnent donc l'idéal de la commande mécanique, c'est-à-dire la possibilité d'affecter un moteur à chaque outil, ce qui permet de supprimer toute transmission intermédiaire avec ses pertes inévitables par glissement, et les charpentes de soutien se trouvent allégées. L'énergie peut être distribuée dans tous les points de l'usine peu accessibles au logement d'arbres de transmission ; les machines à outils, au lieu d'être fixes, peuvent se mouvoir, chacune avec son moteur individuel, à une distance quelconque de la canalisation fixe où circule le courant. Il suffit de ménager, de distance en distance, des prises de courant sur lesquelles on branche, le moment voulu, les fils souples se rendant au moteur, ou bien de relier la machine par des perches à trolley aux fils nus tendus le long des plafonds de l'usine.

Les moteurs à courant continu ou triphasé de force moyenne, jusqu'à 10 ou 12 chevaux, peuvent être installés de façons très diverses dans les ateliers. Tantôt on les fixe sur une console contre les murs, tantôt on les pose sur le sol, sur un petit soubassement en maçonnerie, tantôt enfin on les suspend au plafond, notamment quand il s'agit d'actionner par le haut un outil isolé ou d'attaquer une transmission desservant plusieurs machines.

Quant à la transmission proprement dite du mouvement de rotation du moteur aux outils, elle peut s'effectuer par des procédés très variés mais que l'on peut cependant ramener aux suivants : par *accouplement direct*, par *courroies*, par *engrenages, cônes de frictions* et *vis sans fin.*

L'accouplement direct n'est possible qu'avec des appareils s'accommodant de la grande vitesse de rotation du moteur électrique, tels que sont par exemple les ventilateurs et pompes centrifuges, les essoreuses, certaines scies à découper, etc. L'accouplement par courroie est plus répandu, car c'est un procédé de liaison élastique qui a l'avantage de préserver les moteurs des chocs et des trépidations résultant du travail de l'outil. Dans ce cas, il est nécessaire, pour éviter des glissements et l'usure rapide du cuir, de maintenir constante, sans toutefois l'exagérer, la tension de la courroie, ce qui s'obtient en montant la réceptrice sur glissières. Mais, dans ces conditions, il ne faut pas employer de courroie verticale; cet organe ne doit être que très faiblement incliné sur l'horizontale, pour diminuer d'une part la tension nécessaire et d'autre part le déplacement du moteur pour compenser l'allongement. Le brin tirant doit d'ailleurs se trouver en dessous, de façon à augmenter l'adhérence de la courroie sur la poulie.

Le mode de transmission par engrenages, cônes de friction, vis sans fin, etc., ne s'applique, en général, que dans les cas où l'usage de la courroie n'est pas possible.

Il nous serait impossible, vu la multiplicité des appareils, de décrire en détail toutes les applications qui ont été faites de l'électricité à la commande des machines : nous ne parlerons donc ici que des principales, et qui utilisent le courant continu ou alternatif.

*Appareils de levage.* — La commande électrique présente, pour cette catégorie d'appareils, des avantages sérieux sur tous les autres systèmes de moteurs, car elle

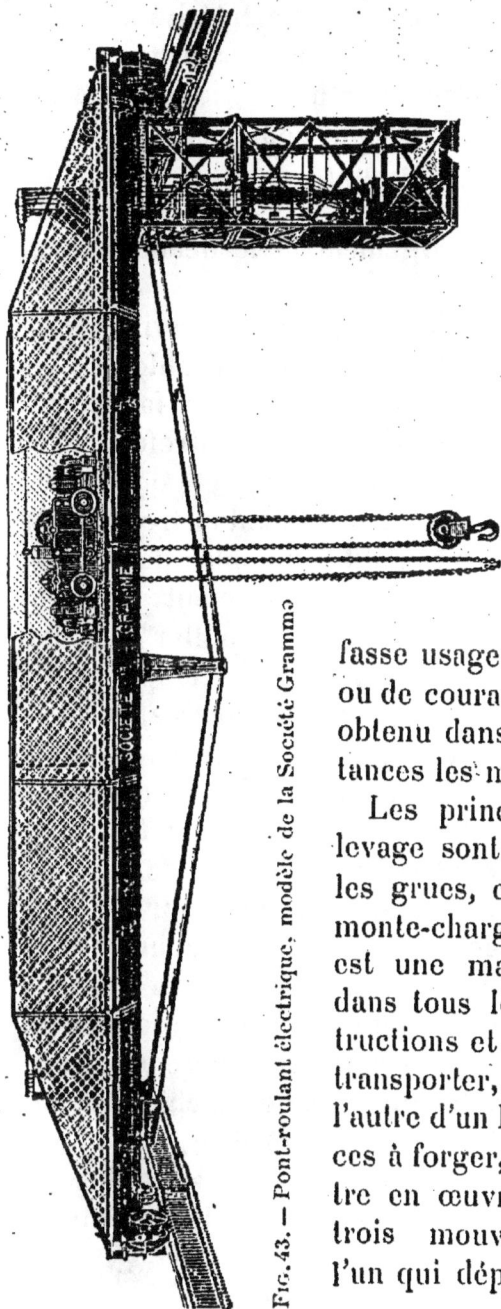

Fig. 43. — Pont-roulant électrique, modèle de la Société Gramme

se prête sans dif-
ficulté aux dé-
marrages fré-
quents et aux
changements de
vitesse, et l'on
peut dire que le
courant électri-
que a presque
entièrement sup-
planté pour ce
travail tous les
anciens procédés
de transmission
auparavant em-
ployés. Que l'on
fasse usage de courant continu
ou de courants polyphasés, on a
obtenu dans toutes les circonstances les meilleurs résultats.

Les principaux appareils de
levage sont les ponts-roulants,
les grues, cabestans, treuils et
monte-charges. Le pont-roulant
est une machine indispensable
dans tous les ateliers de constructions et de métallurgie pour
transporter, d'une extrémité à
l'autre d'un hall, les grosses pièces à forger, à ajuster ou à mettre en œuvre. Il est animé de
trois mouvements distincts :
l'un qui déplace tout le bâti du

pont dans le sens longitudinal d'une extrémité à l'autre
du hall ; l'autre déplaçant sur ce bâti, dans un mouvement perpendiculaire au premier, un chariot mobile sur
une voie ferrée ; le troisième enfin soulevant la charge
à transporter d'un point à un autre. La même machine
est encore employée, dans les ports et chantiers de
construction, pour le chargement et le déchargement
des pierres de taille.

Les ponts-roulants étant des appareils destinés à se
mouvoir continuellement, il est indispensable que les
moteurs qui les actionnent puissent les suivre facilement
dans ces déplacements. On y parvenait autrefois, avec
les machines à vapeur, par des arbres et des trains
d'engrenages assez compliqués, absorbant en frottements
impossibles à éviter, des quantités notables de travail,
ce qui réduisait sensiblement le rendement. La commande par électromoteur permet de simplifier dans une
large mesure ces transmissions, en même temps qu'elle
facilite singulièrement les diverses manœuvres, aussi ne
faut-il pas s'étonner de la faveur qui a accueilli ce système.
La disposition la plus simple qui ait été donnée aux ponts
roulants électriques consiste à installer sur la plate-
forme supérieure la réceptrice à laquelle le courant
parvient par l'entremise de trolleys roulant sur des conducteurs disposés le long du chemin parcouru par le
pont, d'un bout à l'autre de sa course. Cette réceptrice
fonctionne d'une manière continue, et actionne, par un
réducteur de vitesse, un arbre intermédiaire qui commande par embrayages les divers mouvements d'avancement du pont, de déplacement du chariot, et d'élévation du fardeau. Mais on peut aussi, pour simplifier les
transmissions mécaniques, faire usage de trois moteurs

distincts, chargés chacun d'un mouvement de l'appareil, ou, recourant à une solution mixte, n'avoir que deux moteurs commandant, l'un le mouvement de progression du pont, l'autre le déplacement du chariot et la rotation du treuil. Les diverses manœuvres sont dirigées par un ouvrier monté sur la plate-forme, et qui agit à la main sur les leviers et manettes des interrupteurs, commutateurs, et rhéostats de démarrage.

Selon les poids qu'ils sont destinés à transporter, les ponts-roulants sont établis suivant des dimensions variables. Siemens et Halske, la Compagnie de Fives-Lille, la Société Gramme, la Compagnie Electro-

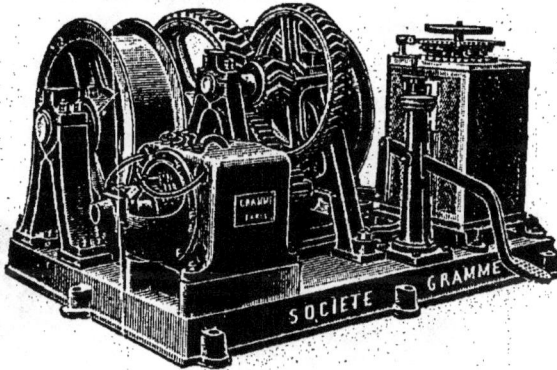

Fig. 44. — Treuil à commande électrique.

mécanique ont établi des appareils de ce genre capables de manutentionner des pièces pesant jusqu'à 250 tonnes, et alimentés de courants continus ou alternatifs triphasés.

Autrefois, un treuil ou une grue qui étaient capables de lever un poids déterminé paraissaient suffisants : l'économie de temps et de travail ne figuraient qu'en dernier lieu. Il n'en est plus de même maintenant dans les grandes usines, les exploitations minières, les fonderies, qui se sont efforcées de perfectionner leur matériel de levage, et ont remplacé par la commande élec-

trique leurs anciennes grues à vapeur ou à air comprimé
dont les mouvements étaient trop lents.

Une grue électrique, si simple qu'elle soit, et quoique
munie d'un moteur à vitesse constante, pour tous les
mouvements, doit posséder au moins six embrayages
différents pour pouvoir varier la vitesse et obtenir la
sûreté de manœuvre voulue. Les embrayages à friction
sont les meilleurs pour cette application, mais leur glissement étant inévitable, l'usure est rapide et l'entretien

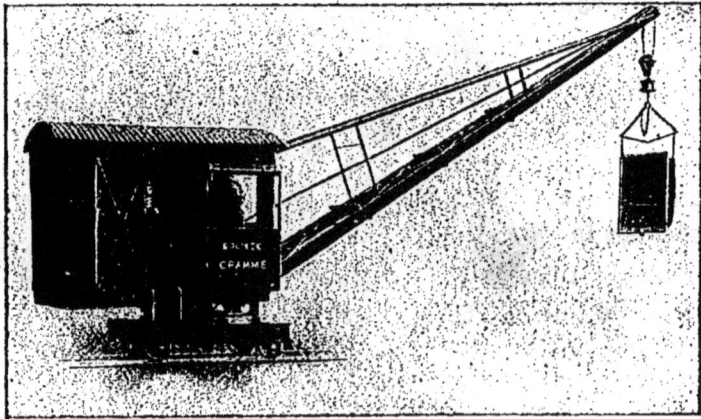

Fig. 45. — Grue mobile tournante de 6 tonnes, 6 m, de portée
à moteur continu ou triphasé.

élevé. Les grues à plusieurs électromoteurs ont une plus
grande simplicité de construction, et les pertes par friction sont alors insignifiantes ; la machine comporte alors
autant de réceptrices qu'il y a de mouvements différents
à effectuer. Les grues *mobiles* sont constituées par une
plate-forme montée sur roues et pouvant se déplacer
dans le sens de la longueur d'une voie ferrée aérienne,
et dans un sens perpendiculaire par rapport à cette

même voie ; quand elles possèdent un moteur par mouvement distinct, les différentes vitesses sont réglées en agissant sur la vitesse de ces moteurs à l'aide de rhéostats. Le mécanisme de progression de la plate-forme et la charge sont mis en marche en même temps que la réceptrice, quoique la vitesse normale ne puisse être atteinte qu'après un temps assez long à cause de la dépense notable d'énergie au moment du démarrage.

Les grues à moteur unique sont généralement plus puissantes et peuvent exécuter un travail plus considérable en un temps donné que celle ayant un moteur par mouvement, ce qui est dû à ce que certaines parties du mécanisme jouent un peu le rôle de volant par suite de la vitesse acquise et aident ainsi à vaincre la résistance de la charge. De plus, les petits déplacements de la plate-forme ou du bras peuvent être exécutés avec plus d'exactitude et de sûreté.

La vitesse de fonctionnement des grues est appropriée au genre de travail à effectuer; dans les fonderies et les ateliers de construction, des vitesses modérées sont suffisantes, tandis qu'elles doivent être beaucoup plus considérables dans les travaux d'excavation et de transport de matériaux. La possibilité d'approcher le plus près possible le crochet des murs d'un bâtiment dépend surtout de la construction de la plate-forme mobile. Enfin, il est essentiel que le mécanisme soit aussi simple et robuste que l'application à réaliser le permet pour éviter les réparations toujours coûteuses et l'immobilisation de la machine qui en résulte.

Dans les mines, les grues électriques ont remplacé complètement les grues à vapeur, dont la vitesse était beaucoup moindre, — sensiblement la moitié de celles

12

à électromoteurs, — les parties essentielles de ces machines sont le tambour d'enroulement, le train d'engrenages et le moteur. La quantité de matériaux qui peut être élevée en un temps donné dépend de quatre conditions: la vitesse de déplacement, la fréquence des opérations, l'importance de la charge et la hauteur à laquelle elle doit être élevée. La puissance du moteur résulte de ces facteurs ; avec le même électromoteur, le tambour doit être d'autant plus large que la charge doit être levée à une plus grande hauteur. Il existe trois moyens de faire fonctionner ces appareils; dans le premier, le moteur tourne sans interruption, et la charge est régularisée par la friction d'un frein à collier, le levage, lui, est opéré par un embrayage. Dans le deuxième procédé, le moteur est mis en route à chaque levage et la descente est assurée comme précédemment ; c'est la méthode qui convient le mieux avec les électro-moteurs à courant continu. Enfin dans le troisième, le moteur tourne dans un sens pour soulever la charge, et en sens inverse pour la laisser descendre ; le moteur à courant continu est alors complété par un interrupteur-inverseur.

Dans le modèle de grue électrique de la Cⁱᵉ Hunt, un levier différentiel muni d'un frein garni de blocs de serrage en bois, facilite la manœuvre. Le train d'engrenages de transmission est enfermé dans un carter étanche protégeant les roues dentées de la poussière, et assurant le graissage par un bain d'huile. Pour la manutention de la houille, on fait usage de bennes en tôle d'une capacité de un quart à trois-quarts de tonne. Cette benne est attachée, tantôt à un bloc au milieu d'une corde double, tantôt à l'extrémité d'une chaîne. Dans les carrières où on est obligé d'élever des poids considérables, mais en utilisant des palans, les dimensions des grues peuvent être réduites ainsi que la longueur des chaînes; la dimension du tambour d'enroulement est de 70 centimètres.

Fig. 46. — Groupe électrique de la Société Gramme monté sur chariot.

Les treuils et cabestans, trouvent, de même que les grues, un sérieux avantage dans la commande électrique. Dans ces derniers, notamment, l'effort au démarrage devant être considérable, et l'arrêt en cas d'accident très rapide, les électromoteurs se prêtent facilement à ces conditions; la seule différence réside dans l'obligation de démultiplier par des engrenages réducteurs la vitesse angulaire élevée des moteurs électriques. Le système de cabestan électrique, pour le service des gares et quais d'embarquement étudié et

construit par la C$^{ie}$ G$^{le}$ d'Électricité de Creil, répond à
toutes les données du problème. La partie fixe du
moteur : l'électro, dans le cas d'un moteur à courant
continu, le stator, dans le cas d'un moteur asynchrone,
est disposé sur l'arbre de la poupée du cabestan de
telle façon que l'arbre de ce moteur soit perpendiculaire à celui de la poupée et que les deux axes se
coupent. Une des extrémités de l'arbre du moteur porte
un pignon d'angle qui engrène avec une couronne
dentée fixe concentrique à l'arbre de la poupée. Cette
couronne restant fixe quand l'arbre du moteur tourne,
le pignon est obligé de rouler sur cette couronne en
forçant ainsi le moteur, et par conséquent l'arbre de
la poupée, à tourner. Le rapport des vitesses angulaires
des deux arbres étant égal à celui du nombre de dents
du pignon et de la couronne, peut présenter une valeur
aussi faible que l'on veut. Quant au bras de levier
tendant à faire tourner l'ensemble de la poupée et du
moteur, il est très grand, de sorte que, pour un couple
donné, l'effort sur les dents est faible ; celles-ci s'usent
donc peu, et on a pu les fabriquer en cuir vert.

Tel est le principe de ce mécanisme qui est enfermé
tout entier à l'intérieur d'une cuve en fonte disposée
ensuite dans une excavation pratiquée dans le sol, sans
aucune maçonnerie. Le moteur repose sur la cuve par
l'intermédiaire de deux tourillons permettant de faire
pivoter l'ensemble autour d'un axe horizontal. La couronne, à la partie inférieure de laquelle roule le pignon,
est fixée à l'intérieur de la cuve par des boulons. Pour
faire fonctionner cet appareil, il suffit d'appuyer avec
le pied sur une pédale agissant sur un cliquet commandant le mouvement d'une roue à rochet montée sur

un arbre pourvu de cinq bagues isolées, en rapport
par des frotteurs fixes aux prises de courant. Le circuit
se trouvant fermé, le démarrage est produit; une seconde pression du pied sur la pédale fait avancer d'une
dent la roue à rochet, et le courant passe par la seconde
bague, ce qui permet d'obtenir une vitesse de rotation
un peu plus grande; on peut ainsi communiquer cinq
vitesses croissantes à la poupée du cabestan. L'arrêt
est obtenu en cessant d'appuyer sur la pédale; alors,
quelle que soit la vitesse à ce moment, le passage du
courant est instantanément interrompu et l'action du
moteur cesse. Au repos, la pédale peut être immobilisée,
simplement en lui imprimant un mouvement de rotation de droite à gauche d'un demi-tour; de cette façon,
une personne étrangère au service ne peut mettre l'appareil en marche.

Les étincelles de rupture entre les frotteurs et les
plots de contact sont soufflées magnétiquement par l'effet
du flux créé par une bobine parcourue par le courant;
ce flux est fermé à travers les plots par une tige de fer
disposée à proximité des frotteurs.

Dans les essais officiels faits de cette machine au
moment de sa réception, l'effort de traction opéré sur
la corde roulée autour de la poupée fut de 400 kilogs,
et la vitesse de 35 centimètres par seconde. La puissance dépensée était de 3 chevaux 5, et le travail recueilli
avec un courant de 11 ampères 5 sous un potentiel de
200 volts, de 1 ch. 8, ce qui correspond à un rendement
de 54 p. 0/0 pour l'ensemble, le rendement du moteur
étant de 63 p. 0/0 et le rendement mécanique de 86 au
maximum, avec une vitesse du moteur de 178 tours par
minute. L'effort de traction maximum peut atteindre

1000 kilogrammes, l'appareil peut rester calé sans danger pendant trois minutes, et l'intensité maximum du courant atteint 29 ampères. Le poids total de ce cabestan à bascule est d'environ 2800 kilogs.

*Machines-outils électriques.* — Toutes les machines-outils perfectionnées, aujourd'hui en service dans les ateliers de construction mécanique, peuvent être commandées électriquement par l'un ou l'autre des systèmes énumérés au début de ce chapitre. Il suffit de bien choisir le type d'électro-moteur, suivant l'usage en vue et l'accoupler à la machine qu'il doit conduire, par l'intermédiaire d'organes appropriés pour réduire sa vitesse de rotation et la ramener à celle que nécessite l'outil ainsi commandé.

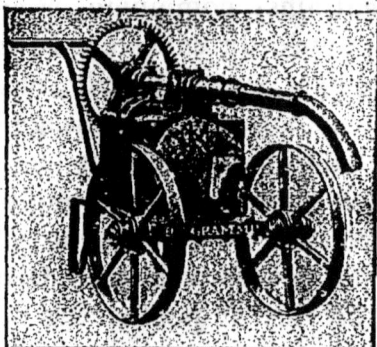

Fig. 47. — Moteur transportable monté sur chariot.

Les perceuses électriques simples ou multiples sont disposées à poste fixe et leur foret est actionné par une roue dentée engrenant avec un pignon monté sur l'extrémité de l'arbre du moteur. Il existe un grand nombre de types différents de perceuses de ce genre ; le modèle transportable est surtout intéressant: l'électro-moteur, relié par des fils souples et un bouchon de jonction à des prises de courants installées sur la canalisation de distribution, est monté sur un chariot à galets avec sa boîte contenant les résistances de réglage et de démarrage. Le foret est disposé à l'ex-

trémité d'un flexible que l'ouvrier maintient à la main
et qu'il peut conduire dans tous les recoins d'une pièce
à percer, comme il ferait d'un porte-foret à main.

Les ateliers d'Oerlikon ont étudié tout un matériel
électro-mécanique puissant, répondant à toutes les
nécessités du travail. Citons les machines à percer simples et doubles. fixes ou transportables, et les machines
à tarauder, ces dernières très utiles dans les ateliers de
chaudronnerie et de
réparation de locomo-
tives, où
elles per-
mettent
d'exécuter
des tra-
vaux que
ne pour-
raient entrepren-
dre les modèles
transportables
qui sont bien
moins puissants.

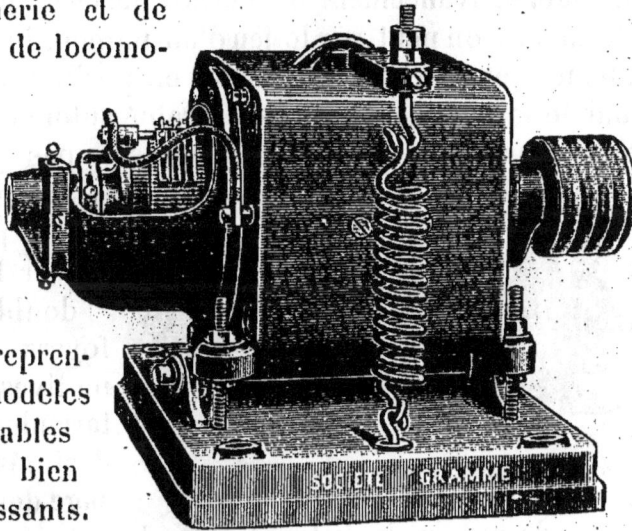

Sur un banc de
trois mètres de
longueur, repose

Fig. 48. — Moteur pour commande par poulie
de friction de la Société Gramme.

une colonne à crémaillère dont la base, en forme de glis-
sière, facilite les déplacements au moyen d'un croisillon,
et qui peut être au besoin munie d'un appareil à diviser
en rapport avec la distance des trous à percer. L'appareil, monté sur douille, peut pivoter dans tous les sens,
tandis que la douille se déplace dans le sens vertical au
moyen d'une manivelle, d'un engrenage à vis sans fin,

d'une crémaillère et d'un pignon denté. Un électromoteur à courant continu ou à courants triphasés commande l'outil par un jeu d'engrenages dont le rapport de vitesse peut être modifié à volonté. Un rhéostat sert au démarrage ainsi qu'au réglage de l'allure du moteur, et un commutateur permet de renverser le sens de rotation ; deux jeux d'engrenages de rechange donnent le moyen d'avoir la vitesse réduite nécessitée pour le taraudage. L'avancement de l'arbre porte-foret est réglé à la main ; on peut par le jeu d'un pignon, le retirer rapidement et le reporter de même en position de travail. Pour le taraudage, l'outil est entraîné automatiquement, son déplacement étant réglé d'après le pas qu'il s'agit d'obtenir. La course du porte-outil est de 55 centimètres, ce qui permet de percer les parois doubles des foyers de locomotives et d'en tarauder les trous destinés au passage des boulons.

Fig. 49. — Moteur hermétique de Gramme,

En cas de besoin, la distance entre la colonne et l'outil peut être augmentée. La pression de la mèche est absorbée par une crapaudine sphérique. Cette machine permet de percer et tarauder des trous jusqu'à 50 millimètres de diamètre dans le fer et l'acier, et la puissance disponible est suffisante pour que le travail puisse se poursuivre sans crainte d'échauffement exagéré et nuisible.

Les *tours* de toute espèce, qui constituent les machines essentielles de tout atelier de mécanique, peuvent éga-

lement être avantageusement pourvus de la commande
électrique, soit qu'un électromoteur actionne une transmission, et, par l'intermédiaire de cônes de vitesse et
de courroies, toute une série de machines, soit que
chaque tour possède son moteur particulier, fixé sur le
bâti, et commandant la poupée par des engrenages de
renvoi. Les machines à fraiser peuvent être également
équipées électriquement, ainsi que les raboteuses, les
bancs à étirer, les machines à meuler et à polir, les
scies, etc.

Dans le but de débiter des troncs d'arbres mesurant
jusqu'à 1m. 40 de diamètre, les ateliers d'Oerlikon ont
établi un modèle de scie à ruban très perfectionné. La
lame de cette scie a une très grande vitesse qui atteint
38 mètres par seconde ; l'avancement peut en être réglé
pendant la marche, il est de 87 centimètres par minute
au minimum, mais peut être poussé jusqu'à 14 mètres
dans le même temps. La puissance de l'électromoteur à
courants triphasés actionnant cette machine est de 6 chevaux. Les différentes manœuvres s'exécutent à l'aide
de leviers et de volants à mains, et très rapidement, ce
qui explique la grande production de cette scie qui produit un trait net et de largeur presque inappréciable. La
quantité de travail peut encore être sensiblement augmentée si l'on fait la voie d'une longueur suffisante
pour préparer un nouveau tronc d'arbre pendant que
la machine fonctionne sur l'autre partie. Elle travaille
ainsi sans interruption. Le courant arrive au moteur
par trois trolleys roulant sur des conducteurs nus tendus
au plafond de l'atelier.

Le mouvement de la table d'une machine à mortaiser
construite par les mêmes ateliers, comporte un sup-

port automatique à double effet et un guide-poinçon à inclinaison variable permettant de mortaiser sous tous les angles. La distance, entre l'outil et le bâti est de 45 centimètres ; on peut travailler sur cette machine des pièces mesurant jusqu'à 70 centimètres de diamètre et 45 de hauteur. L'énergie est fournie par une réceptrice à courant continu, à enroulement en dérivation, de 2 ch. 1/2 à la vitesse de 900 tours par minute, et qui est accouplée directement à l'arbre d'une vis sans fin qui est enfermée, avec son pignon hélicoïdal, dans un carter en fonte.

Un volant disposé sur l'arbre du moteur sert à rendre plus uniforme la vitesse pendant l'exécution du travail ; le poinçon se déplace facilement à l'aide d'une vis de réglage ; la table, qui est munie d'un mouvement automatique de translation dans les deux sens, ainsi que d'un mouvement circulaire, est ajustée avec une grande exactitude dans des glissières prismatiques. La vitesse de déplacement de cette table est variable à volonté, et un rhéostat fournit le moyen de régler aisément la vitesse de l'outil. Le moteur, solidement fixé sur une console placée sur le côté du bâti, est enfermé dans une boîte en acier coulé ; lorsqu'on emploi, pour l'alimenter, les courants triphasés, il est pourvu de bagues de contact qui permettent de régler la vitesse comme avec le courant continu. Ces machines sont construites sur différentes dimensions jusqu'à 1 mètre de course.

*Applications aux industries textiles.* — La commande des métiers à tisser, particulièrement de ceux à tisser la soie, s'opère maintenant d'une manière usuelle à l'aide de moteurs à courants continus ou triphasés, car le procédé de transmission se trouve simplifié. Chaque

métier possède un moteur individuel, articulé d'un côté
par une charnière à un axe faisant corps avec la plaque
de fondation; de l'autre côté, cet appareil est suspendu
au moyen d'un ressort à boudin, de telle sorte qu'une
partie de son poids sert à donner à la courroie la tension que l'expérience a montrée comme étant la plus
convenable.

Fig. 50. — Moteur électrique de la Société « la Française électrique »
pour commande par friction.

Le démarrage s'obtient à l'aide d'un interrupteur relié
au métier de telle façon que l'ouvrier tisseur, pour
mettre en marche ou arrêter son métier, doit exécuter
les mêmes manœuvres habituelles à l'entraînement par
transmission mécanique ordinaire. Les conducteurs étant
disposés de la même façon que ceux destinés à desservir les appareils d'éclairage, il est donc aisé d'alimenter

les différentes parties d'un même établissement indépendamment les unes des autres, et, ce qui est plus important, on peut alimenter depuis un emplacement central les endroits les plus éloignés d'un même établissement de tissage.

Les résultats d'essais prolongés et attentifs dans plusieurs installations, ont donné, comme moyenne du nombre de métiers actionnés, par cheval effectif développé par la machine génératrice de la filature, le chiffre de 11, alors qu'il ne s'élève pas au-dessus de 8 à 10 avec une transmission ordinaire par arbres rigides, et engrenages. On réalise donc une économie d'énergie sur les frottements inhérents aux organes en mouvement ; de plus toute marche à vide de moteurs, arbres, courroies est supprimée pendant les moments d'arrêt des métiers.

Le service des électromoteurs est beaucoup plus simple que celui des transmissions mécaniques, tout d'abord parce que ces appareils sont facilement accessibles, et qu'étant pourvus d'un système de graissage automatique, ils ne demandent aucun entretien. Il n'est pas à craindre qu'une goutte d'huile vienne à tomber sur l'étoffe en cours de fabrication comme cela peut arriver avec les moteurs électriques fixés au plafond. La tension de la courroie est toujours régulière, de sorte qu'il n'y a aucun échauffement de coussinets à redouter, ni de glissement de courroie ; les frais de remplacement de ces derniers organes sont sensiblement plus réduits, avec ce mode de transmission, qu'avec celui par arbres rigides. L'entretien du moteur est moins coûteux que celui d'un réseau compliqué d'arbres tournants, avec poulies, cordes engrenages, etc. En outre, l'expérience a prouvé que l'étoffe tissée sur les métiers ainsi actionnés est supérieure comme régularité aux tissus fabriqués à commande mécanique ce qui tient à l'uniformité de leur marche, tout glissement accidentel de la courroie étant évité avec le dispositif qui vient être décrit.

Cette incontestable supériorité de la commande par électromoteurs a amené le rapide développement de ce procédé. Après qu'une longue suite d'essais eurent été effectués vers 1895 aux ateliers de Rüti, la Société de Construction d'Oerlikon, satisfaite des résultats obtenus, lança sur le marché une nouvelle catégorie de moteurs spécialement destinés à cette application et répondant à toutes les exigences du tissage de la soie. De nombreuses installations avec ces moteurs ont été exécutées par la suite en Suisse et en Italie, dans les établissements industriels de première importance, et partout la satisfaction a été entière, si bien que l'on peut dire qu'en cet ordre d'idées encore, la commande électrique a détrôné tous les autres procédés usités jusqu'alors.

De bonne heure l'énergie électrique fit son apparition dans les filatures et ateliers de tissage, mais c'était comme moyen d'éclairage, et son application comme force motrice est beaucoup plus récente, car il fallait attendre que toutes les difficultés secondaires propres à ce travail particulier fussent entièrement vaincues.

C'est chose faite maintenant, et le nombre des usines outillées suivant les indications de la science moderne va en s'accroissant de jour en jour, le vieux matériel démodé étant jeté impitoyablement à la ferraille pour se voir remplacé par les électromoteurs plus simples et plus économiques.

L'une des installations récentes qui présente le plus réel intérêt en cet ordre d'idées, est celle qui a été faite en 1905 par l'*Allgemeine Elektricitæts Geselschaft* de Berlin dans la tissanderie Conradi Friedeman à Lembach, et qui a été décrite par la *Revue Technique*. Cette installation attire d'autant plus l'attention que c'est la première où l'on ait appliqué l'électricité à la commande des machines à tisser à mailles.

La puissance motrice nécessaire à l'usine est produite par une centrale particulière à celle-ci. La chaufferie comprend deux chaudières de 130 à 250 mètres carrés de surface de chauffe, à la pression normale de 9 kilogrammes. Le chargement des foyers est opéré automatiquement par un mécanisme actionné à l'aide d'un petit électromoteur de 1 cheval. A côté de la chambre de chauffe, se trouve la salle des machines, laquelle est divisée en deux parties; l'une renferme deux machines à vapeur, l'autre les génératrices électriques et le tableau de distribution. Les machines à vapeur développent, 180 chevaux à 17 p. 100 d'admission, l'autre 120 sans condensation. Cette dernière sert de réserve et ne doit fonctionner que dans le cas où l'autre serait arrêtée et où les accumulateurs ne pourraient fournir toute l'énergie nécessaire pendant cette interruption.

Le refroidissement de l'eau de condensation se fait par un refroidisseur Balke and C°, de Dortmund.

L'installation électrique est établie d'après le système à trois fils. La tension de service est de deux fois 110 volts. Il fallait, en effet, conserver la tension de 110 volts pour le réseau d'éclairage précédemment établi, tandis que le transport de force motrice devait se faire à 220 volts. De plus, ce système permettait d'employer

sans modification les deux dynamos existantes en les
mettant en série. On a établi des barres collectrices
indépendantes pour la force motrice et pour l'éclairage.
Toutefois, un commutateur permet de les réunir. Cette
séparation a l'avantage de rendre l'installation d'éclairage indépendante de l'installation d'énergie pour l'alimentation par la batterie d'accumulateurs ou par deux
petites dynamos. Les fluctuations de charge dans le
réseau de force motrice ne peuvent donc influencer
l'éclairage.

Lorsque la grande dynamo, prévue pour 220 volts,
fonctionne, la division de la tension se fait par un dis-
tributeur de tension à moins que la batterie ne soit mise
en parallèle.

La dynamo principale a une puissance de 150 kilowatts sous 220 volts. Elle est entraînée par câble par
la machine à vapeur de 250 chevaux. Elle possède trois
paliers sur bâti unique. Les câbles peuvent se tendre
au moyen d'un dispositif spécial. Le bâti de cette
machine octopolaire, est en fonte et divisé en deux
parties par un plan horizontal. Les pôles inducteurs,
en tôles feuilletées, sont boulonnés au bâti et peuvent
s'enlever latéralement pour les réparations sans démon-
ter la machine. En outre, l'enroulement inducteur est
composé de bobines partielles, ce qui assure un bon
refroidissement.

L'induit est du type denté. La prise de courant sur
le collecteur se fait au moyen de balais en charbon.
Il y a six balais sur chacune des huit lignes de balais.

Le diviseur de tension a la forme d'un transformateur à courant alternatif et ne renferme aucune partie
mobile. Il ne nécessite donc aucune surveillance. Deux

fils le relient aux deux bagues collectrices de la dynamo tandis qu'un troisième conducteur le relie au fil neutre de la distribution. Grâce à ce dispositif simple, la tension de la grande dynamo se trouve subdivisée en deux parties égales. On peut donc, à volonté, prendre du courant à 220 volts pour la force motrice et du courant à 110 volts pour l'éclairage. De plus, le diviseur de tension opère l'équilibre entre les grandes différences des deux ponts du réseau. Le conducteur neutre peut supporter 25 p. 100 de la charge des deux extrêmes. Dans ce cas, l'écart de tension entre les deux moitiés du réseau par rapport à la tension moyenne s'élève à environ 2,5 p. 100.

Pour atteindre la tension de 320 volts, nécessaire à la charge des accumulateurs, on a établi un survolteur, constitué par une dynamo directement couplée avec un électro-moteur. La variation de tension peut s'élever de 20 à 115 volts avec une intensité moyenne de 200 ampères. Cette variation s'opère partiellement par réglage du circuit dérivé de la dynamo, partiellement aussi en modifiant la vitesse du moteur de commande. Ce moteur a une puissance maxima de 35 chevaux. Son nombre de tours par minute est normalement de 700, mais peut s'abaisser de 50 p. 100 et s'élever de 25 p. 100. Le réglage s'opère au moyen d'un démarreur, ayant l'aspect d'un controller et monté sur le tableau principal.

La batterie se compose de 60 éléments Hagen établis dans une première chambre et de 60 éléments de même grandeur établis dans une seconde chambre. Cette double batterie a une capacité de 730 ampères-heure sous 220 volts au régime de décharge de cinq heures, soit une capacité suffisante pour alimenter 600 lampes de 16 bougies pendant cinq heures. Elle peut donc suffire, en cas d'arrêt de la dynamo, à alimenter une partie de l'éclairage et des moteurs de 30 à 40 chevaux pendant un temps assez long.

Toute l'installation est réglée par un seul tableau de distribution uniquement composée de marbre et de fer. Tous les appareils, dans les cinq panneaux de service, sont montés directement sur le marbre sans plaque intermédiaire. Les fusibles se trouvent sur des consoles derrière les plaques de marbre et sont accessibles par une porte latérale ménagée à côté du bâti. Cette porte donne accès dans la chambre laissée entre l'arrière du tableau et la muraille de la salle des machines. Cette chambre n'est accessible que pour le personnel compétent.

Le courant est conduit des dynamos au tableau par des câbles sous plomb, placés dans le plancher de la salle des machines.

Quant à l'utilisation comme force motrice, on a choisi en partie la commande individuelle et en partie la commande par groupe. On a voulu éviter par là la consommation de courant pour la marche à vide des transmissions. A cet effet, on a pourvu les machines sujettes à des arrêts plus ou moins prolongés chacune de leur électro-moteur particulier, pour les rendre indépendantes entre elles et vis-à-vis des autres machines de commande. Par contre les machines dont le travail est normalement ininterrompu sont commandées par groupe, autant que possible par des moteurs d'égale puissance pour assurer l'interchangeabilité.

Il y a 19 moteurs pour la commande individuelle et 43 pour la commande par groupe.

13

Comme, dans l'industrie des tissus à mailles, le nombre de tours des machines est très réduit, il a fallu intercaler entre les moteurs et les machines quelques trains d'engrenages ou de poulies.

Le bobinage est pourvu de la commande individuelle. La machine à bobiner est actionnée par son moteur par l'intermédiaire de roues dentées.

La force des moteurs varie de 1 à 12 chevaux. Comme avantage tout particulier, on a constaté que, depuis l'emploi de l'énergie électrique, la qualité des tissus s'était améliorée et que les mailles avaient pris une régularité jamais atteinte auparavant, chose qui s'explique par la régularité de marche des électro-moteurs. D'autre part, la commande électrique à diminué les chances d'accidents au personnel, par le fait que la suppression des transmissions principales dans les ateliers a amélioré l'éclairage et augmenté l'espace libre.

FIG. 51. — Ventilateur à commande électrique (1.000 m. cubes à l'heure).

Enfin, la commande électrique individuelle ou par groupe a permis de diminuer singulièrement la consommation d'énergie, comparativement à ce qu'elle était avec le système des transmissions. Cette économie acquiert surtout de l'importance dans les usines où,

comme dans celle dont nous parlons, les ateliers
sont très diversifiés et dispersés. Dans des ateliers de
ce genre, en effet, l'énergie absorbée par les transmissions l'emporte souvent de beaucoup sur celle utilement consommée par les machines. Avec la commande
électrique, cette perte tombe à 1, 2 ou 3 p. 100. De
plus au lieu d'une transmission qui demande une surveillance et un entretien continuels, il n'y a plus qu'un
câble immobile, qui, s'il est bien placé, ne nécessite
jamais de réparation.

*Ventilateurs et pompes.* — Ces appareils exigeant,
pour fournir de bons résultats, une grande vitesse de
rotation, le courant électrique est tout indiqué pour les
actionnner. Les ventilateurs électriques ont donc été
accueillis avec une faveur marquée, et leurs applications
ne se comptent plus.

Les modèles de petites dimensions, destinés à fonctionner sur les réseaux de distribution à 110 volts, sont
ordinairement composés d'un moulinet à quatre ou six
palettes torses ou hélicoïdales, monté directement sur
l'axe d'un petit moteur à courant continu ou triphasé,
et qui brasse l'air par l'effet de sa rotation rapide.
Ils ne demandent pas plus de 1 ou 2 ampères, ce qui
correspond à la consommation de 2 à 4 lampes à incandescence de 16 bougies, et peuvent être disposés partout où il est nécessaire de créer un courant d'air arti-
ficiel et amener de la fraîcheur, comme c'est le cas dans
les salles de spectacles, de réunion, les cafés. L'aération
qu'ils fournissent est remarquable, vu leur faible dépense.

De grands ventilateurs, pour les mines, les tunnels,
et en général tous les souterrains où la température
est lourde et suffocante, peuvent également être action-

nés par l'électricité, soit par accouplement direct, soit
par courroie, lorsque le diamètre de la roue à palettes
atteint plusieurs mètres, comme c'est le cas avec
certains specimens construits par Farcot et d'Anthony,
pour l'aération de longs tunnels de chemins de fer.

Les pompes à pistons et les pompes centrifuges trouvent encore dans l'électromoteur le moyen de commande
le plus simple
et le plus avan-
tageux. Dans
les premières,
le moteur à
courant con-
tinu ou alter-
natif actionne
la pompe, non
pas directe-
ment, mais par
un renvoi de
transmission
formé d'un vo-
lant et d'un
arbre à vile-
brequin avec
bielle articu-
lée. Une cour-
roie plate passe
sur le volant

FIG. 52. — Pompe centrifuge pour épuisements.

et sur la jante d'une poulie calée sur l'arbre de la
réceptrice électrique ; le vilebrequin et la bielle trans-
forment ensuite le mouvement circulaire continu du
volant en mouvement rectiligne alternatif nécessaire

au piston de la pompe, laquelle est ordinairement aspi-
rante et soufflante.

Les pompes centrifuges et les pompes rotatives servant à l'épuisement, à l'irrigation ou à l'élévation de
l'eau sont accouplées directement sur le même socle avec
le moteur, et leur disque mobile est entraîné et tourne
à la même vitesse que l'armature induite. La commande
électrique est particulièrement précieuse pour les groupes
moto-pompes centrifuges devant être installés au fond
des puits de mines ou autres endroits peu accessibles,
et où on ne pourrait pénétrer aucun autre moteur mécanique. Quand la hauteur de refoulement dépasse les
10 à 15 mètres que peut donner la pompe centrifuge, on
installe côte à côte une batterie de deux, quatre, six
pompes semblables conduites par un même moteur, et
refoulant la première dans le n° 2, le n° 2 dans le n° 3 et
ainsi de suite jusqu'à la dernière. On peut atteindre ainsi
60 mètres de hauteur de refoulement.

*Machines diverses.* — On pourrait dire qu'il n'est
presque pas d'industrie qui ne soit aujourd'hui tribu-
taire de l'électricité, ou qui n'ait trouvé avantage à
recourir aux services de cette forme de l'énergie. Il
nous faudrait un livre tout entier et non un chapitre seul
pour épuiser le sujet de la commande électrique des
innombrables machines modernes, qui travaillent au
fond des mines, dans les usines de métallurgie, et
viennent en aide aux agriculteurs. Nous aurons donc à
y revenir, dans d'autres volumes de cette Bibliothèque,
et nous verrons encore d'autres emplois de cette puissance motrice qui se plie si complaisamment à toutes
les variétés possibles de travail.

# TABLE DES MATIÈRES

Mayenne, Imprimerie Ch. COLIN.

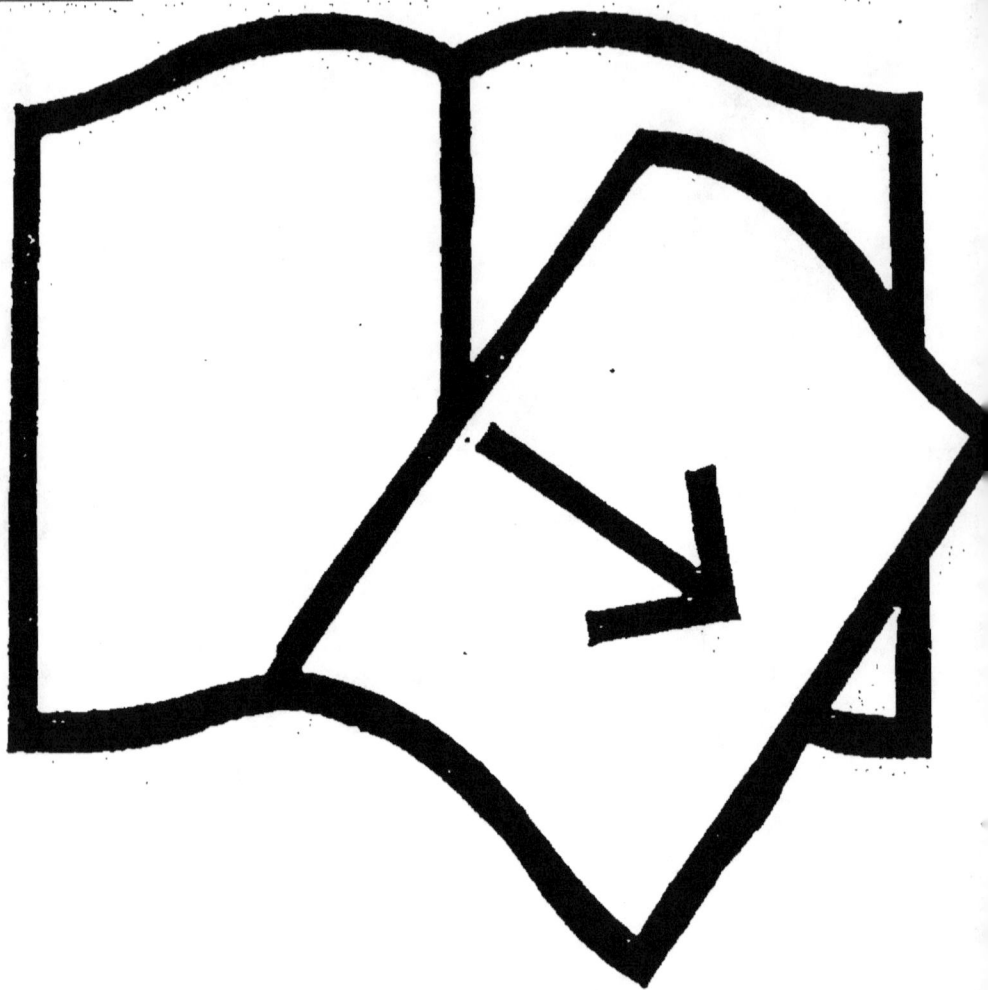

Documents manquants (pages, cahiers...)
NF Z 43-120-13